U0301839

澳门城市与建筑设计教学丛书
费迎庆 主编

澳门世遗路线扩展与城市更新

Integration of Urban Revitalization and
Tourist Routes Expansions in Macau

郑剑艺　费迎庆　编著

国家自然科学基金面上项目
编号 51578250、51478198
国家自然科学基金青年项目
编号 51308232
"十二五"国家科技支撑计划
编号 2015BAL01B01-01
福建省社会发展引导性项目
编号 2015Y037
福建省自然科学基金面上项目
编号 2016J01238
厦门市建设科技计划项目
编号 XJK2015-1-1
华侨大学科技创新团队和领军人才支持计划
旧城可持续发展与更新研究
澳门科技大学基金（FRG）资助项目

东南大学出版社
SOUTHEAST UNIVERSITY PRESS

南京

图书在版编目（CIP）数据

澳门世遗路线扩展与城市更新 / 郑剑艺，费迎庆编
著 . — 南京：东南大学出版社，2018.11
（澳门城市与建筑设计教学丛书 / 费迎庆主编）
ISBN 978-7-5641-7869-7

Ⅰ . ①澳… Ⅱ . ①郑… ②费… Ⅲ . ①旧城改造 – 教学研
究 – 澳门 – 高等学校 Ⅳ . ① TU984.265.9

中国版本图书馆 CIP 数据核字（2018）第 159710 号

书　　　名：**澳门世遗路线扩展与城市更新**
责任编辑：戴　丽
文字编辑：贺玮玮　李　贤
责任印制：周荣虎

出版发行：东南大学出版社
社　　址：南京市四牌楼 2 号　邮编：210096
出 版 人：江建中
网　　址：http://www.seupress.com

印　　刷：上海雅昌艺术印刷有限公司
开　　本：889mm×1194mm　1/16
印　　张：14
字　　数：340 千字
版　　次：2018 年 11 月第 1 版
印　　次：2018 年 11 月第 1 次印刷
书　　号：ISBN 978-7-5641-7869-7
定　　价：128.00 元

经　　销：全国各地新华书店
发行热线：025-83790519　83791830

＊版权所有，侵权必究。

＊本社图书若有印装质量问题，请直接与营销部联系。电话：025-83791830

序　言

　　华侨大学是中国著名高等学府，国家重点建设的综合性大学。华侨大学建筑学专业创办于1983年，坚持"为侨服务"的办学宗旨，实践"会通中外、并育德才"的办学理念，以侨乡建筑研究与教育为办学特色，立足福建地域，30多年的发展历程中在省内外创下诸多第一。包括：

- 1983年福建省高校首个建筑学专业，全国首个招收华侨学生的建筑学专业；
- 1992年福建省首个省部级建筑学重点学科——国务院侨办重点学科；
- 1993年福建省首个建筑设计及其理论专业硕士学位授予权；
- 1996年福建省首个通过建筑学学士学位专业评估；
- 2000年福建省首个建筑历史与理论专业硕士授予权；
- 2010年福建省首个建筑学国家级特色专业建设点；
- 2011年福建省首批建筑学专业一级学科硕士点；
- 2013年引进福建省首个建筑学双聘院士——中国科学院吴硕贤院士；
- 2015年建立福建首个、省内唯一的建筑学重点实验室——东南沿海生态人居环境福建省高校重点实验室；
- 2017年福建省首个建筑学一级学科博士学位授权点。

　　雄厚的建筑学办学实力，为澳门社会培养了大批优秀的建筑师。近年来，建筑学院在国内率先在澳门探索建筑学硕士的境外在地化培养模式，成功地在澳门当地培养了一批适应新时期澳门社会的多元化人才。2017年，华侨大学建筑学院为配合澳门特区政府《都市建筑及城市规划范畴的资格制度》的实施，在澳门开办了澳门注册建筑师持续专业进修课程（CPD），成为国内首个为境外建筑师提供专业继续教育课程的建筑院校。

　　澳门城市与建筑设计教学作为华侨大学建筑学院新时期培养澳门建筑师、服务澳门社会的特色和基础，2010年至今已经持续开展7年。该课程得到了华侨大学相关部门和澳门各界校友的大力支持，形成"选题研究＋现场调研＋工作坊＋展览研讨"完整的教学体系。2017年该课程教学针对澳门世遗路线扩展与旧城更新相结合的可能性，师生们分10个专题展开全面深入的调研，在客观分析的基础上提出了规划策略和设计方案。

　　本书是师生们教学成果的总结，他们的方案或许还有不足，但却充满激情和睿智，展现了华侨大学青年学子的开阔视野和浓郁的人文情怀，如同圣洁的莲瓣，在澳门的悠久文化历史中婷婷绽放，馨香无限。

华侨大学副校长

刘　塨 教授

2018年8月8日

目录

第一章

课程概况

第一章 课程概况

1.1 选题：澳门世遗路线扩展与旧城更新

对城市设计做出确切的定义并非易事，很多学者有不同的认识。《不列颠百科全书》指出："城市设计是指为达到人类的社会、经济、审美或者技术等目标而在形体方面所做的构思，……它涉及城市环境可能采取的形体。就其物件而言，城市设计包括三个层次的内容：一是工程项目设计，是指在某一特定地段上的形体创造，有确定的委托业主，有具体的设计任务及预定的完成日期，城市设计对这种形体相关的主要方面完全可以做到有效控制，例如共建住房、商业服务中心和公园等。二是系统设计，即考虑一系列在功能上有联系的项目的形体，……但它们并不构成一个完整的环境，如公路网、照明系统，标准化的路标系统等。三是城市或区域设计，包括多重业主，设计任务有时并不明确，如区域土地利用政策、新城建设、旧区更新改造保护等设计。"

凯文·林奇提出："城市设计的关键在于如何从空间安排上保证城市各种活动的交织"，进而实现人类形形色色的价值观之共存。

巴奈特（J. Barnett）提出："城市设计作为公共政策（Public Policy）"，其名言为"设计城市，而不是设计建筑"（Designing Cities without Designing Building）。

综上，城市设计包含物质、人、政策三个因素，即美好的物质环境、有活力的生活空间、公共资源的合理配置和政策引导。

图1-1 沙梨头及大三巴片区地形图

1.2 研究对象

　　世遗路线是昔日澳门葡城的主要空间核心，葡人的定居点围绕这一核心展开，包括教堂、市政机构、住宅等，其范围大致为今世界文化遗产澳门历史城区缓冲区。这一区域现今已经成为澳门最主要的旅游景点，人气旺盛（图1-1）。

　　然而，与世遗路线邻近的传统华人商业区（Chinese Bazar）和原北部城墙边缘地带则形成巨大反差。近年来，虽然政府和社会团体均采取了一些有效措施，引入游客活化区域的生活和商业环境，但仍然收效甚微。尤其是传统华人商业区，曾经是澳门最繁华也是唯一的商业区，铺屋林立、热闹非凡，是近代澳门的经济引擎。但如今，大部分区域已经破败，人口稠密、设施陈旧、交通不便，再加上日益严重的水浸影响，使得大部分的商业活动难以为继，纷纷向外转移。因此，配合澳门旅游休闲中心的建设，重新启动昔日的华人传统商业区和城墙边缘地带，结合文化、旅游、生态等因素，以及扩展世遗路线，惠及旧区的居民，引导游客深度体验澳门特色传统文化，成为本书研究的主要目的及意义。

1.3 现场调研（图1-2至图1-7）

图1-2　全体师生和华侨大学澳门校友现场授课

图1-5　黑沙青年旅舍晚间讨论

图1-6　黑沙青年旅舍晚间讲课

图1-7　华侨大学与澳门科技大学师生交流、合影

第二章

澳门城市与建筑研究回顾

第二章 澳门城市与建筑研究回顾

澳门回归以前，在城市规划领域中专门研究澳门城市的文献较少，境内外仅有点滴描述散见于澳门建筑的相关论文或文史杂志[1]。回归之际，赵炳时教授及其团队携手澳门大学，开创性地展开澳门城市社会发展现况的调查和资料整理，对未来城市建设发展进行探索性研究[1-3]。境外学者在这一历史性时刻，也对澳门城市进行多元化的解读和展望[2]。澳门回归以后，尤其是以2000年、2002年[3]以及2005年"澳门历史城区"被正式列入《世界文化遗产名录》为契机，引发了众多内地学者的广泛关注，并相继展开研究。

根据笔者对中国期刊全文数据库收录期刊、内地相关出版物机构的检索统计可以看出，尽管澳门回归后关于澳门城市规划相关研究的侧重点和学术观点各有不同，但从内容上看，依然可以清晰地归纳为以下几个方面（图2-1）。

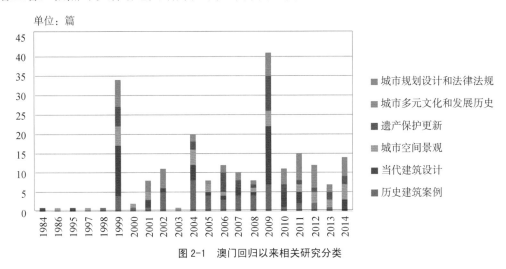

图 2-1 澳门回归以来相关研究分类

2.1 关于澳门城市的发展历史研究

2.1.1 史料的收集与梳理

《澳门编年史》是澳门回归以后由澳门学者吴志良主编的一部编年体史书，全面记载了1494—1949年包括澳门宪报在内的各类文字史料，涉及澳门城市社会发展的重要文字史料[4]。薛凤旋收集了有关澳门最具代表性的中外历史舆图、测绘地图、城市画像，

---

1 回归以前涉及澳门城市规划研究较具代表性的有1970年王兆君的 *Macau Architecture: An Integrate of Chinese and Portuguese Influence* 一书，澳门文化局主办的《文化杂志》（中文版1998年第35-37期）"澳门四百年城市建筑遗产特辑（一、二）"。

2 详见王维仁教授任客座编辑的台湾期刊《建筑Dialogue》（1999年10月期）"澳门1999"专辑。

3 2000年7月在广州和澳门召开的2000年中国近代建筑史国际研讨会以"近代建筑与历史地段的保护再利用"为主题，随后东南大学与澳门特区政府合作开展"澳门近代建筑普查研究"。2002年9月在澳门举行"城市文化遗产的保护：澳门视野"国际学术研讨会，时任特首何厚铧称之为"一次探讨文化遗产保护与城市建设发展的盛会"。

是澳门近五百年发展历程的重要图纸史料[5]。莫小也则收集整理了澳门的地志画，从艺术角度生动再现城市风貌和发展变迁[6]。

2.1.2 发展历程的归纳

澳门城市发展历程归纳起来，从城市建设的角度可以分为渔村时代、澳门开埠、澳门城的初建与发展、澳门城建的停滞、近代化都市五个阶段[7-8]；从城市管理的角度可以划分为天主教城、殖民统治、制定法规、自治规划四个时期，体现了城市发展的整体性、详尽的规划观念等特征[9]；从城市发展主导因素和内在动力的角度，1842 年前以市民自发为主导，明清政府被动管理，1842 年以后至澳门回归前以澳葡政府为主导，在各方力量交织与博弈下，以海上贸易为核心的多元思想意识叠加[10]；从海外贸易变化的角度，澳门城市发展分为城市初创（1557—1578 年）、城市格局初成（1578—1640 年）、城市格局奠定（1640—1842 年）、城市格局重建（1842—1937 年）四个时期[11-12]。

2.1.3 城市空间形态的历史演变

1557 年开埠前，澳门呈现一种中国南方渔村的空间形态，1557—1849 年的澳门城市形成"双核三区"的空间形态特征，双核心包括以议事会为中心的葡萄牙人的政治中心和以望厦村为最终落脚点的中国政权政治中心，三区包括葡人社区、华人社区和中葡人士混合社区[13]。1845—1999 年空间形态演变可以分为七个阶段，港口重振外贸时期（1845—1956 年），包含新界划定（1845—1867 年）、环境改善（1867—1918 年）、填海造地（1918—1942 年）、缓慢发展（1942—1956 年）四个阶段，旅游振兴经济时期（1956—1999 年）则包括整体美化（1956—1975 年）、新区开发（1975—1999 年）和区域规划（1998—1999 年）三个阶段，城市由集中走向分散，城市外部空间形态演变呈跳跃式生长，城市形成双中心[14]。

另有学者进一步概括为，澳门从最初 10.28 km² 几个小岛经过不断填海达到今天的29.5 km²，半岛城区空间形态演变经历了自在发展（1557 年以前）、澳门开埠（1557—1586 年）、租借发展（1586—1840 年）、殖民统治（1840—1974 年）、自治过渡（1974—1999 年）、澳门回归（1999 年至今）六个阶段，从传统渔村演变成为以澳门半岛和离岛为核心的双城格局[15]。

2.1.4 典型区域的发展变迁

内港区位于澳门半岛西侧，其发展经历了 1840 年至 1860 年中、1860 年末至 1880 年中、1880 年至 1930 年三个阶段，通过填海集中了近代澳门的主要产业，形成重要的港口商业区和以华人为主的华葡混合住区[16]。与之相背、面对外海的"外港"（又称南湾）在 20 世纪初便聚集着总督府和各种机构组织、富商名流宅邸，以及使馆酒店，呈现另一番景象。但 20 世纪 20 年代开始的外港填海工程逐渐破坏了其历史文化价值[17]。

马场区位于澳门北区关闸马路以东，自 1924 年完成填海造地，先后经历了赛马场时期、菜园时期、地域用途转营时期三个阶段。20 世纪 60 年代黑沙湾工业区开发，以及 20 世纪60—70年代和70—80年代的两个移民潮，劳动力和工业用地充足使该区迅速发展成为澳门人口密度最高的片区[18-19]。

2.2 关于澳门城市的多元文化研究

2.2.1 宗教文化对城市的影响

宗教对澳门城市发展的影响主要体现在城市空间结构和社会结构以及城市风貌上[20]，中西方宗教圣地共同构成了澳门城市发展的结构性中心点。

葡萄牙人以教堂为核心建立近于"政教合一"的社区管理模式[21]。中国传统宗教文化是影响澳门城市、促进城市发展的另一重要因素[22]。明清时期，部分中式庙宇具有行政功能，在华人城区中扮演了保持传统信仰文化和明清政府捍卫国家社稷领土主权精神象征的双重作用，例如永福古社[23]。其中，分布全澳的土地庙更被官方用以组织最底层的地方小区—里坊[24]。近代晚期，诸多中式庙宇自发形成华人社区福利机构，成为华人市民精神寄托的中心点，反映澳门近代市民社会转型[25]。

2.2.2 族群文化对城市的影响

1557年开埠后，澳门形成了两个最大的族群，即华人族群和土生族群，华人和土生人合力营造了不同的生活小区[26]，构成左右澳门近代城市建设的两种力量。学者赵冰根据历史上澳门城市族群的更迭，将澳门城市划分为葡国人社区、中葡人士混合社区和中国人社区，并从不同时期族群地位的不同揭示了城市空间营造的特色[27]。

华人族群对澳门城市发展的作用长期被忽视。事实上，以卢九、王禄、郑观应、何连旺等为代表的著名华商家族贡献巨大。一是作为葡人和华人的中间力量，华商推进城北华人乡村的城市化，避免与明清政府的直接对抗；二是作为投资主体承接填海项目和开发房地产；三是在内港片区兴办贸易行、近代工业，加速了澳门近代经济转型；四是兴建现代医疗福利设施，提高华人居民生活质量和教育水平[28-29]。

2.2.3 商业文化对城市的影响

1557年以后葡人在澳门海贸经营由船上交易改为岸上陆地贸易，这一根本转折点即澳门陆地市肆及陆地城镇的出现与形成。至16世纪中叶，已经形成了类似葡萄牙传统城市的双重性格——中世纪的防御性与文艺复兴的商业性，显示出货栈、要塞与城市三位一体的模式[30]。

鸦片战争以前的澳门是中西方商人以民间社会谋利思想为主导的"无序"发展，并由海上贸易所需要的产业链条限定，形成内港—商业区—葡人居住区—华人居住区的空间格局，符合了社会商业运作的基本要求。这种狭窄如街的线性商业区域俗称"澳门街"，北端获得来自内地的生活必需品，南端连接妈祖阁，繁荣海上的商业贸易。该区域主要的商业大街——龙嵩街，构成"鱼骨"和"鱼刺"结构的骨架，串联重要的教堂、港口及重要场所[14,31]。因此，也有学者将澳门这种融入中西方宗教文化的商业空间称为"宗教商市"[8]。

2.3 关于澳门城市的空间特色研究

2.3.1 传统街道空间

17世纪30年代，葡人修筑的澳门城墙基本完成，形成了城墙环绕的"澳门城"，呈现"城内"和"城外"明显的城市格局[32]。多数学者认为，澳门城的早期空间格局是以线性不规则的葡式"直街"（或称正街）为城市轴线空间结构。刑荣发则认为19世纪澳门城是以"丫"形主干道为空间结构，贯通城市南北，并与城外郊区直接联系[33]。

城内道路布局受城市建设自发性和地形地势的影响，呈现自由形式和节点状分布的结构性空间序列，形成了比例适当的空间尺度和错落有致的街道景观，并与城中教堂相结合，进而营造出亲切宜人的街市生活[7,20,34]。尤其是作为街道空间放大的前地，澳门建筑师林永胜提出前地是西方"广场"和广东"地塘"概念中西结合的产物[35]。前地空间周边的建筑体量协调，建筑与铺装常用的黄、绿、红、粉红等色系受到了葡萄牙和印度文化的影响，铺装形式大多采用一种来源于葡萄牙传统的"庞巴而建筑风格"波浪形铺路石[36]，最典型实例是议事亭前地[37-38]。但同时，由于复杂的产权问题，街道环境景观也存在问题，对此吴燮坤建议整合街道小品设计、注重街道和建筑的协调、建设绿色走廊[39]。

2.3.2 城市功能分区

从19世纪中叶开始，澳门城市形成了商业区、住宅区、工业区、行政机关的近代都市格局。半岛核心地带为澳葡政府行政中心，商业区位于葡人和华人居住区之间，可以充分发挥商业区的功能作用，北部是华人居住区和工业用地，反映了殖民式统治城市特色。澳门最早的商住区是以营地、关前、草堆三街为核心，或者史书所称的"畏威怀德"四条街所组成的区域[10]，而后发展至龙嵩街，近代晚期转移至十月初五街和新马路一带[12]。

2.3.3 市域空间拓展

近代早期澳门城市地域的扩张主要有两种方式，即澳门本岛北拓和填海造地。1840年澳葡政府趁机向城墙以北的村落扩张，1848—1866年建设"两纵两横"的城北地区新道路网，1866年以后在前面基础上拓展为"两纵四横"格局，直至1889—1912年建成"六纵九横"道路格局，完成了澳门北部区域的城市扩张[40-41]。

1912—1999年澳门半岛的扩张划分为两大区域，即旧城区与填海区。其中旧城区以新马路为代表，城市空间向南湾地区拓展。而填海区分为半岛西南部、半岛南部、半岛西北部、半岛东部四个部分。其中半岛西南部包括葡人和华人两种类型的填海区；半岛南部分为南湾区、西湾区两部分；半岛西北部分为青洲区、台山区和筷子基区三部分；半岛东部则分为马场区、黑沙环区、劏狗环区、新口岸区及新口岸新填海区五个部分。氹仔路环的建设包括机场区、氹仔西北、路环北侧和南侧四个部分[7,8,42]。澳门回归以后，填海发展主要集中于氹仔、路环两个离岛，主要包括路氹新城区及路氹局部地区[43]。

2.3.4 城市肌理与环境文脉

澳门城市肌理是一种以西方中世纪模式为主体的城市骨架上生成了受中国影响的城市组织，后者带有中国传统"里坊"思想，体现了葡萄牙文化和中国本土文化在城市营建中的移植[44]。学者王维仁认为，这种"迷城"般的城市肌理是由"大马路、马路、街、斜巷、斜路、巷、里、围"不同层级尺度的街道系统构成，"围"更是构成城市肌理的重要元素[45]。在这种城市肌理中所形成的节点、街道、边界、建筑等，构成了二元对立融合的澳门城市环境文脉特色[20]。

2.4 关于澳门城市的保护更新研究

2.4.1 经验与教训的总结

澳门在城市历史中心公共空间的步行体系与历史修复方面较为成功，被称为"城市修复与复兴的澳门模式"（MMURR）[46]，具有代表性的如议事亭前地、大堂前地、氹仔渔村广场[47]、圣方济各前地、塔石卫生中心[48]。但也面临许多问题，如建设性破坏、环境恶化、产业结构制约、民间参与不足、人才资源匮乏[49]。

钟宏亮认为，1950年至澳门回归前澳门遗产保护主要归功于政府所采取的一系列法律法规和行政措施，澳门回归以后的经济发展曾经危及文化遗产地（例如东望洋灯塔事件），但也促成了市民遗产保护意识的自我成长和政府新遗产法规的颁布[50]。近年来，澳门在制定文化遗产保护策略时将促进公众参与作为一个重要的手段，并取得良好效果[51-52]。

2.4.2 理论与实践的探索

对于未来澳门的城市保护更新：①政策层面上，营造良好环境、促进文化旅游和文化创意产业发展、推动资本运作和加强人才支持。②产业层面上，继续推动和发展以望德堂创意产业区为试点的创意产业，进而推出城市文化旅游[53-54]。③历史文化街区层面上，2009年澳门特区政府与境内外研究机构合作，展开澳门城市建筑遗产更新与再生研究工作[55]，最具代表性的就是王维仁教授主持的澳门传统城市肌理"围"的研究，树立了一种维系社区的社会机制，以反士绅化、反动迁和反假古董为立场，为中国城市保育开创一个新典型[56-58]。在蟮里街区改造中，刘鹏飞从历史街区屋顶加建的现象出发，提出"屋顶触媒"的更新理念[59]。黄伟侠从形态学的角度总结澳门旧城区形态模式，并探讨其现代意义与可行性[60]。④保护理念层面上，从城市景观环境角度，阮仪三等提出了城市景观延续性和视觉景观控制引导的理念[61]。从建筑文化特色角度，刘先觉、许政等提出了"文化共时结构"的保护理念[62-64]。从城市色彩角度，宋建明提出了澳门城市色彩分区控制的理念[65]。

2.5 关于澳门城市的规划设计研究

2.5.1 战略规划层面

2008 年的《澳门城市概念性规划纲要》[66]，是在大珠三角区域发展大背景下，关于澳门土地利用和交通运输基础设施发展等方面的总体部署，实现与珠海加强合作，共同成为珠三角西部地区的发展核心[67]。珠澳共同发展必须考虑到根本性的环境和遗产保护等问题，其中之一就是临江空间的环境问题，即借鉴埃姆舍河（The Emscher River）再生项目治理流域水污染，以及临江建筑和公共地区的更新应避免阻挡珠海与澳门世界文化遗产间的视觉联系，必须事先建立起能在不可避免地建设新项目的同时，减少其对视线联系和环境破坏的策略[68]。

2.5.2 总体规划层面

澳门直至今天并没有一个涵盖澳门半岛和路氹的城市总体规划，难免带来各个区域发展的不平衡与不协调。澳门回归以后，众多学者为此提出澳门城市发展的各种策略：①从可持续发展的方向，澳门城市发展可以通过稳定型、调整型和转换型三个在发展速度、产业结构及对应的空间布局，以及土地利用均有所不同的方案，引入新兴的文化创意产业、优化博彩娱乐产业、活化内港滨水区复苏等产业，实现澳门的可持续发展[69]。②从土地利用的方向，澳门城市用地稀缺是长期以来困扰城市发展的关键问题，综合考虑澳门社会现况、外部因子、土地利用运作系统，制定澳门城市宏观发展目标和土地利用发展原则、近期发展建议、远期发展方向等发展方案[70]。③从产业和基础设施的方向，澳门应克服目前在土地开发与利用、房地产发展、旅游发展与文物保护四个方面存在的问题，实现优化旅游资源、保护历史建筑与文物古迹、合理调整产业结构、刺激房地产业走出低谷、完善整体交通体系、形成区域性交通枢纽[71]。

2.5.3 城市设计层面

作为世界文化遗产，澳门历史城区本身就是人类城市设计的经典作品。然而经济高速发展和长期缺乏相关规划，造成城市整体空间的极大破坏，例如新口岸填海区的建设。有本土学者[72]提出：①澳门城市设计应注重城市与海的关系，增加滨海长廊等观光休憩空间，将海岸还给城市；②保护历史原真性，建立世遗缓冲区，尊重城市肌理，延续社区群落关系，延续旧区的文化与内涵；③营造设计独特性，既体现城市传统文化，又满足经济发展需求，创造新的城市历史。

为配合《澳门城市概念性规划纲要》，在 2007 年开始首次制定澳门总体空间形态设计，在宏观、中观、微观等三个层次进行了总体空间形态的构思、空间景观分区与策略引导、重点地区意向性设计[73]。2009 年，中国城市规划学会联合内地专家，从生态环境、公共空间、城市景观、城市形态四个方面，制定了澳门城市设计总策略：①增绿开敞，改善城市生态环境；②宜人便利，建立有特色的公共空间；③山海城谐，优化历史人文景观；④完形成势，确立魅力城市形态。通过这四个总策略及七项具体分策略，构建可实施性、可操作性的政策框架[74]。

2.5.4 专题规划

（1）城市绿地系统及绿色生态环境

2006 年以前，澳门的绿地分为花园及公园、道路绿化、苗圃、规划区、重植林及其他组成部分。澳门总体的绿化率低，尤其是在旧城区，主要的绿化面积集中在路环和氹仔，约占全澳门绿化面积的81%[75]。2006 年，澳门民政总署又将城市绿地调整为六大类，即花园、公园；休憩区；道路分隔带、安全岛、回旋处；育苗圃、苗场；坟场；再植林（离岛），并一直沿用至 2010 年底。2009—2010 年澳门民政总署委托国内研究机构展开澳门城市绿地系统规划纲要研究，制定了全新的绿地分类，分为四大类、11 种类、18 小类三个层次。该分类体系以绿地使用功能为依据，兼顾与国标分类相呼应，因地制宜地设立一些澳门特色绿地类型[76]。

由于澳门城市用地紧张，绿地发展受到许多限制。就澳门半岛而言，存在城市绿地破碎化程度高、部分区域绿地不足、公园可达性较弱等问题，对此可采取立体绿化与绿道网络相结合等方法[77]。就澳门市域而言，由于近年来城市建设用地植被覆盖不足，澳门城市热岛面积有逐渐增加的趋势[78]。为了改善绿色生态环境，可采取加强与周边区域生态系统的沟通与融合、因地制宜构建绿地系统、保护生态斑块和生态廊道、针对不同特征区实施差异化的绿色生态环境改善对策等[79]。

（2）填海开发建设

填海发展对未来澳门发展经济、改善民生具有必要性和迫切性[80]。从发展旅游经济的角度，填海区开发关键在于通过空间元素的合理配置，将旅游产业和城市填海区开发建设相联系，满足资本、社群、政府的行为需求。通过改造原有交通系统、利用历史建筑、控制填海区建筑形式和原生态形态等，创造充满生气和发展活力的填海区空间。从发展社会民生的角度，澳门特区政府在 2006 年施政报告中首次提出填海设立新城区的计划，2009 年 11 月，中央政府正式批复澳门新城填海造地 350 公顷，并随后展开新城规划的相关工作[81]。

（3）公共空间与居住环境

历史上澳门半岛形成了低容积率、高建筑密度的分散土地开发模式，为了适应新时期的社会需求，可以采用集中式和分散式的土地开发模式，营造不同的城市空间和居住环境，通过旧城区重建等方式进一步改善澳门居住环境[82]。当前，高密度的澳门半岛公共空间存在生态资源数量稀缺、步行空间联系薄弱、视线景观遮挡严重和空间质量欠佳等问题。对此可以分别从功能、空间、文脉、细部四个角度，采取对应的一体化、网络化、本土化和宜人化四条公共空间改进策略，形成较完整的公共空间改进体系[83]。广场是澳门重要的公共空间，包括前地、广场、圆形地，黄晓萍在实地调研的基础上总结并提出澳门广场的景观规划设计手法，用于改善环境质量[84]。

2.6 关于澳门城市的规划法规研究

直至20世纪后半叶，澳门都承袭葡萄牙的规划法规和政策，主要经历两个阶段。首先是城市建设制度的确立。葡萄牙《王国城镇修葺总规划》是最早影响澳门的城市规划法规。该法规对于从19世纪80年代开始的澳门战略及卫生城市规划的起步与发展具有重要作用。1912年出台《澳门私人工程服务暨都市建筑物之卫生服务规章》（1912年7月20日国令），随后被1940年新的《澳门"殖民地"私人工程服务暨都市建筑物之卫生服务规章》取代。1946年《澳门"殖民地"都市建设总规章》取代了1940年规章，并经多次修改后，最终形成1963年7月31日新的澳门《都市建设总规章》并一直沿用（阿丰索，2010）。其次是城市规划法律的本地化。1976年通过了第一部历史建筑保护法，1980年澳门自行制定了《土地法》，1984年通过了《保护建筑、风景和文化遗产的法律规定》，1986年制定了不具法定约束力的《澳门地区指导性规划》[9,85]。值得注意的是，1883年《澳门城市改善规划报告书》首次通过计划的方式对澳门城市化进行全面系统及战略性的规划[85]。1840—1911年，澳葡政府在澳门城市公共环境的规划与管理中也具有很强的计划性[86]。可见，澳门并非完全是自发而建的城市。

澳门回归以后，学者刘奇志等首次从规划法律法规体系、规划运作体系、规划行政体系三个方面，系统地比较了武汉和澳门城市规划体系，相互借鉴的同时也指出了各自的不足[87]。与其他地区相比，虽然澳门从近代以来就已经建立城市化法律法规，但还十分落后。2014年3月1日，澳门新《土地法》、《城市规划法》及《文化遗产法》的正式生效实施将有助于建立更为完善的城市规划法律体系。

2.7 总结与展望

虽然澳门仅仅是一个不到30 km²的小城市，却在回归以后的15年间悄然兴起了澳门研究热，足见其魅力。与回归之前不同，这些研究在城市历史发展、城市文化和城市空间特色等宏观层面研究更为系统、视角更为独特；在国内已形成各具学术专长的澳门研究团体；澳门本土研究团体也日益活跃，包括了政府官员、学者、规划师、建筑师等，尤其是澳门特区政府部门积极主动地参与并支持相关研究工作。通过研究，一方面可以借鉴澳门城市发展、保护和更新过程中的一些成功经验和方法；另一方面，对于一国两制下澳门城市发展所面临的城市保护、经济发展和规划法律等关键性问题，无疑是非常重要和具有启迪意义的。

近年来澳门研究方法出现了一些新思路，例如采用空间句法的量化研究[88]，以及以"澳门城市活化"为题的研究型教学[89]。然而，未来澳门研究还需要从以下角度作更深入的探讨：

首先，从宏观层面，应加强与珠三角区域协调规划的研究，尤其是横琴新区对澳门未来城市发展战略的影响；澳门和珠海在城市发展、历史遗产保护、环境生态等具体措施的研究；广珠城轨、港珠澳大桥、珠澳轻轨等区域性基础设施对澳门城市发展的影响。其次，在中观层面，做好澳门总体规划和建立城市规划体系的相关研究，以及新《土地法》、《城市规划法》及《文化遗产法》通过以后对澳门城市规划的影响，新城填海区建设对澳门多元产业发展、缓解住房、增加就业等民生问题的研究，澳门轻轨对城市交通和环境景观的影响，澳门半岛旧城区的活化更新策略等。最后，在微观层面，进一步加强澳门历史文化的保护。尤其是借鉴英国康泽恩学派的城市形态区域化理论，建立更为系统和科学的历史景观分区保护机制[90]；关注澳门不同族群的居住特色，及其对传统社区的维系和当代新社区营造的启示；近代产业建筑遗产在城市更新中的转型和发展，例如内港码头、近代酒店、氹仔炮竹厂、路环荔枝碗船厂等对促进澳门旅游产业、文化创意产业发展的作用。可以期待，未来的澳门城市研究将在不同层面继往开来，助力营造美丽多元的澳门城市。

参考文献

[1]　赵炳时，李家华．初探跨世纪的澳门城市规划和房地产市场发展的策略 [J]．城市规划，1999(5)：7-12.

[2]　赵炳时．回顾与展望——澳门城市发展与建筑特色 [J]．世界建筑，1999(12)：16-20.

[3]　郑冠伟，谭纵波，崔世平．21 世纪澳门城市规划纲要研究：专题报告 [G]．澳门：澳门发展与合作基金会，1999.

[4]　吴志良，汤开建，金国平．澳门编年史 [M]．广州：广东人民出版社，2009.

[5]　薛凤旋．澳门五百年：一个特殊中国城市的兴起与发展 [M]．香港：三联书店（香港）有限公司，2012.

[6]　莫小也．从地志画看澳门城市的变迁 [J]．南方建筑，2012(1)：22-27.

[7]　刘先觉，玄峰．澳门城市发展概况 [J]．华中建筑，2002, 20(6)：92-96.

[8]　玄峰．澳门城市建设史研究——澳门近代建筑普查研究子课题 [D]．南京：东南大学，2002.

[9]　童乔慧，盛建荣．澳门城市规划发展历程研究 [J]．武汉大学学报（工学版），2005(6)：115-119.

[10]　赵淑红，徐鑫．澳门近代城市建设思想解析 [J]．建筑学报，2010(S1)：33-35.

[11]　赵淑红．澳门近代建筑发展概略 [J]．华中建筑，2007(8)：211-214.

[12]　赵淑红．澳门近代民用与军事建筑研究 [D]．南京：东南大学，2004.

[13]　严忠明．一个海风吹来的城市：早期澳门城市发展史研究 [M]．广东：广东人民出版社，2006.

[14]　杨雁．澳门近代城市规划与建设研究（1845—1999）[D]．武汉：武汉理工大学，2009.

[15]　袁壮兵．澳门城市空间形态演变及其影响因素分析 [J]．城市规划，2011(9)：26-32.

[16]　余国．十九世纪中期至二十世纪中期澳门内港区发展与变迁之研究 [D]．台南：成功大学，2010.

[17]　陈煜．澳门近代水岸空间演变：以南湾街为例 [C]//《营造》第五辑——第五届中国建筑史学国际研讨会会议论文集（上）．广州，2010：133.

[18]　邢荣发．澳门马场区沧桑六十年（1925—1985）[J]．文化杂志，2005(56)：1-15.

[19]　邢荣发．明清澳门城市建筑研究 [M]．香港：华夏文化艺术出版社，2007.

[20]　童乔慧．澳门城市环境与文脉研究 [M]．广州：广东人民出版社，2008.

[21]　武云霞．澳门的教堂 [J]．建筑史论文集，2002, 2(2)：174-182.

[22]　彭长歆．岭南建筑的近代化历程研究 [D]．广州：华南理工大学，2004．

[23]　谭世宝．在澳门看明清以来土地社稷神坛的变迁史迹 [J]．中国俗文化研究（第二辑），2004(00)：131-139．

[24]　童乔慧．澳门土地神庙研究 [M]．广州：广东人民出版社，2010．

[25]　陈学霖．澳门哪吒庙的历史渊源与社会文化意义 [C]// 澳门学引论：首届澳门学国际学术研讨会论文集（下册）．北京：社会科学文献出版社，2012：417-452．

[26]　李长森．明清时期澳门土生族群的形成发展与变迁 [M]．北京：中华书局，2007．

[27]　赵冰．珠江流域：澳门城市空间营造 [J]．华中建筑，2012(6)：1-4．

[28]　林广志．卢九家族研究 [M]．北京：社会科学文献出版社，2013．

[29]　林广志．晚清澳门华商与华人社会研究 [D]．广州：暨南大学，2006．

[30]　吴尧，Pinheiro F．浅析澳门建筑遗产中的文化特征 [J]．合肥工业大学学报（自然科学版），2008(8)：1321-1325．

[31]　许政，陈泽成．入世精神的出世建筑——澳门的天主教教堂 [J]．新建筑，2009(2)：89-93．

[32]　吴尧．澳门近代晚期建筑转型研究 [D]．南京：东南大学，2004．

[33]　邢荣发．十九世纪澳门的城市建筑发展 [D]．广州：暨南大学，2001．

[34]　童乔慧．澳门传统街道空间特色 [J]．华中建筑，2005(S1)：103-105．

[35]　林永胜．澳门前地空间 [J]．文化杂志，2004(53)：1-36．

[36]　童乔慧．色彩与铺装——澳门城市景观中的海韵 [J]．规划师，2004(3)：55-57．

[37]　童乔慧．澳门城市特色景观——市政厅广场解读 [J]．新建筑，2004(6)：49-51．

[38]　武云霞，夏明．城市中的人性化空间——访澳门议事亭前地 [J]．华中建筑，2003(6)：110-13．

[39]　吴燮坤．澳门城市街道景观设计若干问题的探索 [D]．北京：清华大学，2002．

[40]　郭声波，郭姝伶．近代澳门半岛北部的市域扩张与道路建设 [J]．中国历史地理论丛，2012(3)：122-132．

[41]　郭姝伶．近代澳门半岛的市域扩张与街道建设（1849 ～ 1911）[D]．广州：暨南大学，2012．

[42]　胡雅琳．澳门半岛的市域扩张与街道建设（1912 ～ 1999）[D]．广州：暨南大学，2012．

[43]　欧阳莹．澳门填海区开发建设研究 [D]．广州：华南理工大学，2007．

[44]　刘先觉，赵淑红．1900 年以前澳门的民用与军事建筑 [J]．华中建筑，2002(6)：79-83．

[45]　王维仁，张鹊桥．围的再生：澳门历史街区城市肌理研究 [G]．澳门：澳门特别行政区政府澳门文化局，2010．

[46]　樊飞豪，王小玲．澳门历史街区广场的修复——传统复兴及其对于城市文化可识别性的贡献 [J]．世界建筑，2009(12)：28-34．

[47]　朱蓉．城市历史中心公共空间的整治与再利用——澳门历史城区广场改造经验 [J]．装饰，2007(3)：16-17．

[48]　童乔慧．澳门历史建筑的保护与利用实践 [J]．华中建筑，2007(8)：206-210．

[49]　赵峥．城市历史文化遗产保护和开发研究——以澳门为例 [J]．城市，2009(9)：63-66．

[50]　钟宏亮，李菁．澳门遗产的培养：回归后的延续与断裂 [J]．世界建筑，2009(12)：56-59．

[51]　朱蓉．城市文化遗产保护中的公众教育——澳门"文物大使计划"评述 [J]．南方建筑，2006(9)：54-55．

[52]　陈泽成．澳门历史城区的保护与公众参与 [C]．杭州：世界遗产保护·杭州论坛暨 2008 国际古

迹遗址理事会亚太地区会议论文，2008:142-147.

[53] 崔世平，兰小梅，罗赤．澳门创意产业区的规划研究与实践 [J]．城市规划，2004(8):93-96.

[54] 罗赤，李海涛．澳门创意产业园区规划 [J]．城市规划通讯，2006(11):15-16.

[55] 吴尧，朱蓉．更新过程：澳门历史建筑群世界遗产保护研究略记 [J]．世界建筑，2009(12):126.

[56] 王维仁建筑设计研究室．茨林围的保育，澳门的圣保罗教堂，城中村与田园肌理 [J]．时代建筑，2011(5):68-69.

[57] 王维仁．澳门历史街区城市肌理研究——触媒空间"围"的建筑勘查与工作坊 [J]．世界建筑，2009(12):112-117.

[58] 龚恺．"内"与"外"的改造——对澳门历史文化街区的一次城市更新设计 [J]．城市建筑，2009(2):62-64.

[59] 刘鹏飞．澳门历史街区屋顶触媒 [D]．北京：清华大学，2009.

[60] 黄伟侠．澳门旧城区城市形态初探 [D]．北京：清华大学，2002.

[61] 阮仪三．从上海到澳门：同济大学城市遗产保护与规划创新典型案例 [G]．上海：中国出版集团东方出版中心，2013.

[62] 许政．鲜有的"文化共时结构"——"世界遗产"澳门的生存与发展之道 [J]．华中建筑，2006(8):168-170.

[63] 许政．解读"澳门之谜" [J]．新建筑，2006(5):27-30.

[64] 刘先觉，童巧慧．澳门建筑文化遗产的特色与价值 [C]．廊坊：第三届中国建筑史学国际研讨会，2004.

[65] 宋建明．阅读澳门城市色彩 [M]．澳门：澳门艺术博物馆，2009.

[66] 澳门可持续策略研究中心．《澳门城市概念性规划纲要》咨询文本 [R]．澳门：澳门特别行政区政府可持续发展策略研究中心，2008.

[67] 纪纬纹，徐知兰．从第一个十年迈向下一个十年：澳门城市发展与城市概念性规划回顾 [J]．世界建筑，2009(12):24-27.

[68] 田恒德，邹经宇，乙曾志，等．新的障碍和潜在的机遇——澳门和珠海的共有临江空间 [J]．世界建筑，2009(12):127-129.

[69] 崔世平．澳门城市可持续发展纲要研究 [D]．北京：清华大学，2002.

[70] 董珂．澳门城市土地利用系统研究 [D]．北京：清华大学，2001.

[71] 刘玲．试论澳门城市规划中的若干问题 [D]．广州：华南理工大学，2001.

[72] 戴锦辉，邬剑琴．澳门半岛城市设计与更新 [J]．城市建筑，2010(2):20-22.

[73] 蔡云楠，余炜楷，吴天谋．基于城市发展战略的澳门总体空间形态设计探索 [J]．南方建筑，2008(4):38-40.

[74] 耿宏兵．传承与创新——澳门城市设计总策略概述 [J]．城市建筑，2011(2):22-24.

[75] 梁敏如，包志毅．澳门绿地类型概况 [J]．中国园林，2006(1):71-76.

[76] 李敏，佘美萱，梁敏如．澳门城市绿地分类标准编制研究 [J]．福建林业科技，2012(1):132-137.

[77] 李敏，龚芳颖．适应超高人口密度城市环境的绿地布局方法研究——以澳门半岛为例 [J]．广东园林，2011(6):13-18.

[78] 米金套 . 澳门城市景观格局变化与热岛效应研究 [D]. 北京：北京林业大学，2010.

[79] 耿宏兵，袁壮兵 . 资源稀缺条件下的澳门绿色生态环境改善策略研究 [J]. 国际城市规划，2011(5):98-104.

[80] 杨允中，甘乐年 . 澳门新城区规划：必要性与迫切性 [M]. 澳门：澳门学者同盟，2007.

[81] 澳门特别行政区政府土地工务运输局 . 新城区总体规划草案咨询文本 [R]. 澳门：澳门特别行政区政府运输工务司，2011.

[82] 黄丹东 . 澳门居住环境状况分析 [D]. 南京：东南大学，2001.

[83] 魏钢 . 城市高密度地区公共空间改进策略研究 [D]. 北京：中国城市规划设计研究院，2011.

[84] 黄晓萍 . 澳门复合型商业广场景观设计研究 [D]. 广州：华南理工大学，2011.

[85] 阿丰索 . 20 世纪葡萄牙与澳门——城市规划法律史之研究 [C]// 吴志良，林发钦，何志辉 . 澳门人文社会科学研究文选•历史卷（下卷）. 北京：社会科学文献出版社，2010:1477-1529.

[86] 陈伟明，林诗维 . 近代澳门城市公共环境规划与管理（1840—1911）[J]. 文化杂志，2011(81):97-110.

[87] 刘奇志，朱志兵 . 武汉与澳门城市规划体系比较研究 [J]. 城市规划，2011(5):45-50.

[88] FENG C, WANG H, RAO X. The morphological evolution of Macau[C]. Santiago: Proceedings of the Eighth International Space Syntax Symposium, 2012.

[89] 吴少峰，费迎庆，陈志宏 . 多元与开放——澳门城市活化专题教学实践 [J]. 新建筑，2013(1):28-32.

[90] 姚圣，田银生，陈锦棠 . 城市形态区域化理论及其在遗产保护中的作用 [J]. 城市规划，2013(11):47-53.

第三章

城市形态分析方法

第三章 城市形态分析方法

3.1 基于平面格局三要素的澳门城镇景观分形特征

澳门是中国最早受欧洲文化影响的城市，具有独特的历史背景和深厚的文化底蕴。受葡萄牙管治的影响，自1557年开埠以来，经过460多年的发展，澳门城市形态经历了不同的发展阶段[1-4]。在移植葡萄牙城市建设的发展过程中，澳门呈现出不同时期、区域化的"拼贴式"城镇景观。

澳门回归以来，澳门城市研究引起了学者们的广泛关注[5]。早期澳门半岛是一种"两核三区"的空间结构，经历六个发展阶段，形成了今天华葡多元共存的城市特色。葡城是葡萄牙人最早的定居点，其形态特征以"直街"为骨架[6]。内港的华人商业区形成"围""里""巷"独特的城市肌理[7]。1900年以后，澳门城市越过葡城城墙向北"圈地式"扩张，形成六纵九横的路网格局[8]。随后，市域扩张在澳门半岛西北、东北、东南持续展开[9-10]。经历一系列填海发展，澳门半岛今天的面积达到9.3 km²，是澳门半岛原始陆地面积的3倍（图3-1）。纵观澳门城市发展，其形态特征的复杂性研究主要以描述性的定性分析为手段，部分学者虽已引入空间句法来揭示不断变化的空间结构与城市中心迁移的关系[11]，但澳门城市形态的分区景观特征仍值得进一步探讨。

"城镇景观"起源于西方地理学，其研究以城市形态的认知为基础。其中，建立在中欧地理学分支的历史地理学"形态基因"研究（康泽恩学派）[12]最具代表性。该理论提出城镇景观是城镇平面格局、建筑类型及土地利用的综合反映[13]，把城市景观中蕴含历史意义的文化意识及其物质载体完整保存下来。第二次世界大战以后，康泽恩理论进一步扩展，并引入学科交叉的研究方法[14]。2001年，谷凯等学者将该理论引入中国[15-17]，并在北京、广州、平遥等地深入分析了历史城镇景观的区域化特征[18-22]。研究表明，不同区域所形成的城镇景观单元对认知和管理城镇景观具有重要作用[23]。早在20世纪70年代，部分西方学

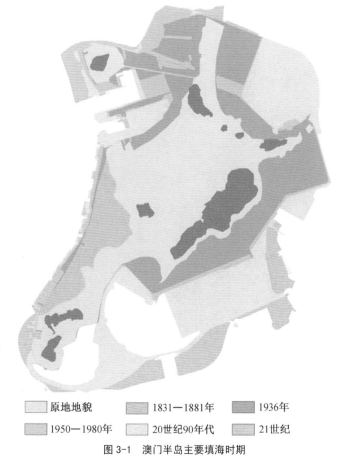

| | 原地地貌 | | 1831—1881年 | | 1936年 |
| | 1950—1980年 | | 20世纪90年代 | | 21世纪 |

图3-1 澳门半岛主要填海时期

者在定性分析的基础上开始尝试对城镇的平面格局进行量化分析[24]。近年来，城市形态特征的量化分析方法随着信息技术的发展不断涌现[25]。叶宇等采用康泽恩平面格局与空间句法、MXI等相结合精细化地比较新旧城区不同区域的城市形态特征[26]。葡萄牙学者奥利韦拉（Oliveira）综合了包括康泽恩平面格局分析在内的七种方法，系统地建立了一套称为"Morpho"的定性与定量评价措施[27]。可见，基于康泽恩平面格局的量化分析有助于更准确地认识城市物质形态。

本书首次提出"康泽恩平面格局三要素结合分形计算"的方法，借助ArcGIS平台对澳门半岛平面格局三要素进行量化分析，比较澳门半岛不同时期城镇景观区域的街道、地块、建筑基底三者形态特征指标，以求达到对复杂城镇景观更为系统和理性的形态认知。

3.1.1 平面格局分形计算方法

1. 形态分析基础上的量化计算

城镇平面格局是康泽恩城镇景观分析三大核心内容之一，与建筑类型和土地利用相比，平面格局是城镇景观中最易保存的形态特征，包括三个不同的景观要素：街道及其街道系统、地块及其组成的街廓、建筑基底平面（图3-2）。不同区域平面格局具有自身的独特性，构成了区别于周围地块的不同平面类型单元，是对不同时期社会政治经济文化的物质呈现。因此，平面格局三要素是理解城市形态特征的核心内容。

巴蒂（Batty）在20世纪90年代将分形理论用于城市形态研究，指出城市具有内在的自组织、自相似和分形生长的特征，称之为分形特征。其中，自相似性是描述城市形态分形特征的主要量化指标，即分维值D[28]，可以揭示隐藏于复杂物质形态背后的数值关系。然而，单纯运用这一方法过于抽象、机械，城市形态的数学特征与城市社会经济文化活动进程在何种程度上结合，成为城市形态研究学者所关注的问题[29]。

研究尝试将分形计算嫁接到历史地理学所建立的空间和时间参照系上，即平面格局三要素，来弥补抽象分形计算的不足。根据澳门历史城区发展对澳门半岛进行分

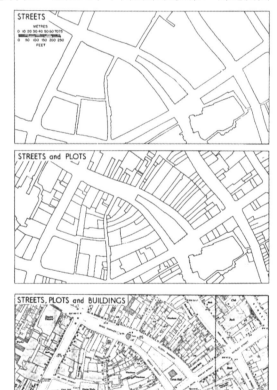

图3-2 城镇平面格局三要素

区，然后利用ArcGIS辅助网格法计算，得出各分区的分维值，可以清晰地辨别平面格局三要素在历史演进过程中的形态差异及其量化特征。

2. 分维值计算原理

分维值是刻画局部与整体间自相似性的参数，反映了图形（或系统）对于空间的填充能力和图形不规则边界的复杂程度，是分形理论中最重要、最关键的指标。目前，分维值主要存在三种计算方法，即网格维数法、半径维数法和边界维数法[30-32]。澳门各分区城镇景观差异较大，选取网格维数法中的矢量法进行计算，即假设 S 是一个平面上的有界分形图形，用边长为 L 的正方形网格来覆盖 S，与 S 相交的网格数有 N 个，满足幂律关系：

$$N(L) \propto L\text{-}D$$

当 $L \to 0$ 时，对数比 $D=\ln N(L)/\ln(1/L)$，D 定义为分形图形 S 的分维数。Batty 等采用受限扩散凝聚模型（DLA）和电介质击穿模型（DBM）模拟计算闪电、溪流等大自然现象，测定的分维值均在 1.71，即分维值 1.71 是一个接近自然形态的理想值[33]。

3.1.2 平面格局矢量网格法计算流程

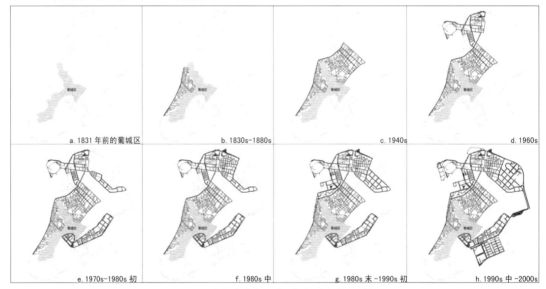

a. 1831 年前的葡城区　　b. 1830s–1880s　　c. 1940s　　d. 1960s

e. 1970s–1980s 初　　f. 1980s 中　　g. 1980s 末 –1990s 初　　h. 1990s 中 –2000s

图 3-3　澳门半岛主要城区规划建设发展过程

1. 研究区域划分

根据不同时期澳门半岛历史地图，可以清晰地划分澳门半岛不同时期城市发展单元（图 3-3）。以早期葡萄牙人建立的葡城为中心，逐渐向外扩展形成 5 个代表性的城镇景观单元，这些景观单元划分依据澳门半岛城区扩展及不同时期填海建设发展，区域范围清晰且城镇景观风貌迥异。由于同一单元内城镇景观也存在差异，将各单元细分为 2 个次级区域，多个区域对比分析探索不同时期建成区平面格局特征。同时，选取澳门新城填海规划五个区域中的 A 区作为研究区域，用以验证结果的准确性以及新城规划方案的合理性（图 3-4）。

（1）内港单元：19 世纪中期建立的港口贸易区

该单元位于葡城西侧，包括华人市集区（内港 A）和司打口—下环区（内港 B）。华人市集区经过 1831 年的首次填海及之后的两次填海扩建，成为当时澳门半岛的核心商业区[34]。其南侧司打口—下环区发展相对较晚，1866 年以后成为新的华人码头商业区，形态特征差异较大。这两个次级区域构成了今天澳门内港区的核心。

（2）白区单元：20世纪初规划建设的城郊新区

该单元位于葡城以北的中部核心地带。19世纪90年代以后，越过葡城城墙，开始开发城区北侧的华人乡村，1912年澳门总体规划图[1]确定了该单元的基本街区布局。根据1927年澳门总体规划图[2]和1941年航拍图[3]，以高士德大马路为界，分为南北两个区域。高士德以南（白区A）原为农田，主要街道和建筑物在1941年以前已经修筑完成，呈现较密集的小格网街区。高士德以北至望厦山之间（白区B），由于望厦村的制约，布局稀疏，建设缓慢，街区内的建筑在20世纪60年代[4]才基本建设完成。

（3）西北单元：20世纪60年代和八九十年代规划建设的工业和平民混合住区

该单元位于葡城西北部，包括台山青洲区（西北A）和筷子基区（西北B）。1927年澳门总体规划制定在半岛的西北、东北、东南三个位置填海建设新城区。1941年台山青洲区仅建了赛狗场、船坞、水厂，以及临时平民廉租房"巴波沙坊"，主要街区规划60年代已经完成，但直到80年代平民住区才开始大规模的开发建设[5]。80年代末到90年代初，沙梨头北巷以南至沙梨头海边街开始填海建设筷子基街区，原有的船坞转型为当代居住街区[6]。

（4）东北单元：20世纪七八十年代和90年代建设的工业和居住混合区

东北单元位于葡城东北部，包括马场区（东北A）和黑沙环区（东北B）。70年代为适应日益增长的内地移民和加工业的需求，澳门半岛东北区开始大规模建设。20世纪20年代规划的马场区，在80年代中期重新再开发为以居住为主的街区[7]。黑沙环区建设始于80年代末[8]，以公共房屋和普通住宅为主，90年代以后建设多为私人开发的商品住宅。相比马场区，黑沙环区的格网街块更规则、尺度更大。

（5）外港单元：20世纪七八十年代和90年代规划建设的外港商业区

该单元位于葡城东南部，包括南湾新口岸区（外港A）和新口岸新填海区（外港B）。前者填海规划始于20世纪20年代，但到1941年几乎尚未建设，直到七八十年代，才建成南侧部分街区。新口岸新填海区规划始于90年代[9]，到2010年以前大规模的建设才基本完成。外港单元不同于东北、西北单元的"工业—居住"的模式，采用了"商业—居住"混合模式，定位为澳门新的中央商务区（CBD）和博彩业聚集区。

（6）新城A区单元：21世纪新城区

2009年中央政府批准澳门填海建设新城，其中新城A区位于澳门半岛东侧，预期占地138公顷，该区的规划目标是建设以公屋为主，完善民生配套、支持中小企业发展的

---

1 1912年澳门总体规划图详见澳门历史档案馆 MNL.11.01.Cart.p.2。

2 1927年澳门总体规划图详见澳门历史档案馆 MNL.10.18c.Cart。

3 1941年澳门航拍图详见澳门地图绘制暨地籍局。

4 1965年澳门地图详见澳门历史档案馆 MNL.04.24.Cart。

5 详见《澳门政府公报》1983.01.22, p114。

6 详见1986和1999年澳门地图，澳门地图绘制暨地籍局提供。

7 详见《澳门政府公报》1985.09.07, p2481。

8 详见《澳门政府公报》1986.03.01, p772。

9 详见《澳门政府公报》1991.04.01, p1608-1715。

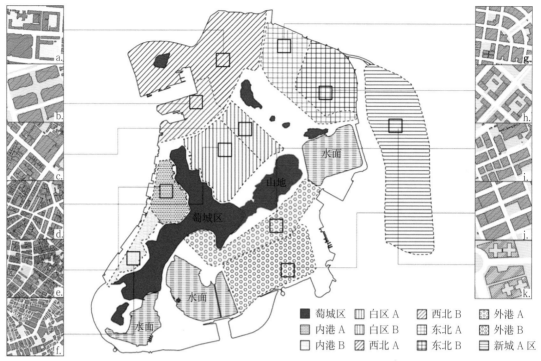

图 3-4　澳门半岛形态区域划分图

图例：
- 葡城区
- 内港 A
- 内港 B
- 白区 A
- 白区 B
- 西北 A
- 西北 B
- 东北 A
- 东北 B
- 外港 A
- 外港 B
- 新城 A 区

城市滨海新门户地区。新城 A 区较其他新城区域更临近澳门半岛，格网式路网体系及地块规划是对澳门半岛现代填海规划的延续。目前虽处于规划阶段，但建成后将与澳门半岛城市发展密切相关。因此，本书以新城 A 区第三轮总体规划咨询方案中的规划图为依据，与澳门半岛其他单元进行对比。

2. ArcGIS 平台计算分析

根据上述单元划分，采用网格矢量法依次对每个单元街道、地块及建筑基底的分维值进行计算，计算流程如图 3-5 所示。

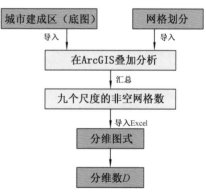

```
城市建成区（底图）          网格划分
      ↓导入                    ↓导入
      在ArcGIS叠加分析
           ↓汇总
      九个尺度的非空网格数
           ↓导入Excel
         分维图式
           ↓
         分维数D
```

图 3-5　矢量网格法计算流程图

街道

地块

建筑基底

图 3-6　平面格局三要素底图（以内港 A 三要素底图为例）

首先，将不同单元的街道、地块以及建筑基底分别生成线要素文件导入 ArcGIS 平台，作为之后矢量网格法叠加计算的底图（图 3-6）。

其次，建立不同尺度网格。选定一个矩形区，然后将其逐步分成 $4n$ 的等份，相应地，边长分成 $2n$ 的等份。自然界中图形的分形特征只是在一定尺度范围内出现，这个尺度范围称为无尺度区，准确求解无尺度区是分形特征值准确、可靠的基础[35]。经人工判定，一般当 $n>9$ 时，数据脱离无尺度区，对回归系数的稳定性有较大影响，自相似性开始减弱。为了保证分维值的准确性，一般取 $n=9$，即网格最多划分到第 9 级[31]（图 3-7）。

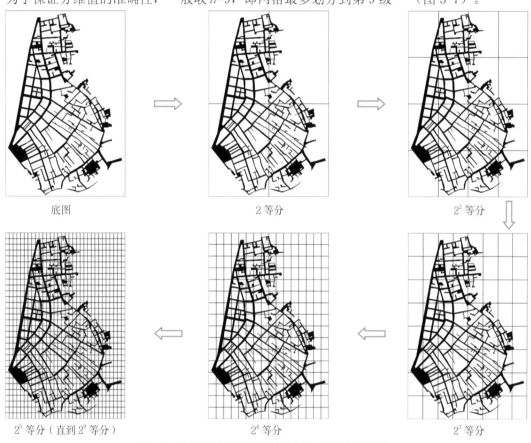

底图　　　　　　　　　　2 等分　　　　　　　　　2^2 等分

2^5 等分（直到 2^9 等分）　　　　2^4 等分　　　　　　　2^3 等分

图 3-7　矢量网格法网格划分（以内港 A 街道底图为例）

第三，在 ArcGIS 中将上述划分的 9 个尺度网格，分别与平面格局三要素进行叠加。通过叠加图层属性信息，汇总得出相应的非空网格数，即表 3-1 中的 r 和 $N(r)$。

第四，将 r 和 $N(r)$ 的数据取自然对数，得出表 3-1 中的数值。将自然对数导入 Excel 中，作出线性回归图，并求出线性回归公式和相关系数 R^2。检验相关系数，线性回归方程的斜率 K 即分维值 D（图 3-8）。

等级	1	2	3	4	5	6	7	8	9
r	1/2	1/4	1/8	1/16	1/32	1/64	1/128	1/256	1/512
$N(r)$	4	15	51	179	625	1 868	5 005	12 168	25 988
$\ln(r)$	−0.693 1	−1.386 3	−2.079 4	−2.772 6	−3.465 7	−4.158 9	−4.852 0	−5.545 2	−6.238 3
$\ln N(r)$	1.386 2	2.708 0	3.931 8	5.187 4	6.437 8	7.532 6	8.518 2	9.406 6	10.165 4

回归直线：$y=-1.6045x+0.5807$

线性相关性：$R^2=0.9933$

分维数：$D=K=1.6045$

3. 计算结果

重复上述计算过程，得出澳门各单元平面格局三要素的分维值D街道、D地块、D基底（表3-2）及相应的柱状图（图3-9）。总体看，所有单元各要素的相关系数最小为0.989，表明具有高度相关性，分维值

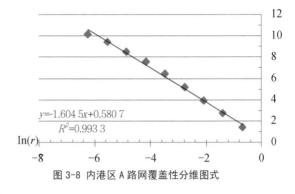

图3-8 内港区A路网覆盖性分维图式

D准确性较高。分维值为不同形态区域特征比较提供了一个媒介，数值不同代表某类形态特征的差异。

表3-2 澳门半岛各区域分维值计算结果统计表（* R^2 为线性相关系数）

分维值	内港A	内港B	白区A	白区B	东北A	外港A	东北B	外港B	西北A	西北B	新城A区
街道	1.60	1.45	1.62	1.50	1.52	1.55	1.52	1.53	1.50	1.50	1.50
街道 R^2	0.993	0.998	0.997	0.996	0.992	0.997	0.992	0.996	0.994	0.996	0.990
地块	1.72	1.53	1.70	1.58	1.50	1.48	1.49	1.38	1.46	1.44	1.44
地块 R^2	0.998	0.998	0.997	0.997	0.989	0.989	0.995	0.989	0.993	0.994	0.991
建筑基底	1.63	1.47	1.63	1.51	1.49	1.46	1.48	1.36	1.46	1.44	1.50
建筑基底 R^2	0.993	0.997	0.996	0.996	0.989	0.996	0.989	0.989	0.993	0.994	0.993

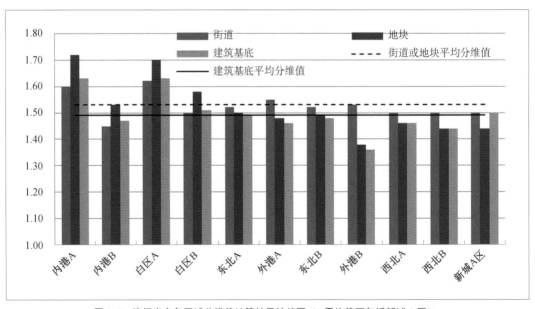

图3-9 澳门半岛各区域分维值计算结果柱状图（*平均值不包括新城A区）

3.1.3 三要素分形特征比较分析

各单元平面格局三要素对比分析，区域的地形、地貌差异是重要的影响因素。澳门

半岛内港、西北、东北、外港以及新城A区皆为不同时期的填海区，地势平坦，地形、地貌相一致；白区原为澳门半岛城郊农田及村落聚集区，地势低平适合耕种，扩张后城区取代原有农田，地形、地貌与填海区相似。因此，比较过程中可以排除地形、地貌因素对研究结果的影响。

（1）三要素分维值关系的时代特征

20世纪以前规划的单元，即内港和白区，分维值 D 地块 $>D$ 基底 $>D$ 街道。平面格局主要由小路网围合成小街廓，小街廓内部再细分成一系列左右并排、前后背靠背并列布置的小地块。小地块最初主要用作沿街铺屋，后期才逐步改建成多层房屋。每个地块的建筑都有相互独立的产权及不同的建筑立面特征，联排布置的建筑在街块内部形成不受独立地块限制的、满铺街块的建筑基底，且建筑基底的自相似程度和填充性高于街道。

20世纪10年代到90年代的单元，即西北、东北、外港，分维值 D 街道 $>D$ 地块 $\geqslant D$ 基底。这时期地块分维值显著下降，道路所围合形成的街廓内部小地块数量明显减少。尤其在80年代以后，大型工厂、办公、住宅楼等大地块占据整个街廓，地块轮廓呈现大小不一、形态多样化的现象，自相似程度大大降低。大体量及形态各异的建筑逐步取代了传统近似标准化的沿街铺屋和联排住宅，部分大型建筑基底与地块轮廓基本重合，导致 D 基底显著下降或与 D 地块基本一致，建筑形态的自相似性明显弱于街道形态。1910年以前，平面格局的自相似性凸显为地块形态，而1910年以后则凸显为街道形态。

（2）小格网式街道形态自相似性好，且分维值越大，路网覆盖性越好

澳门半岛所有单元 D 街道的平均值约为1.53，大于平均值的单元有内港A（1.60）、白区A（1.62）、外港A（1.55）。这三个单元街道布局呈正交或近似正交，具有较好的形态自相似性。白区A的街道均为格网形态且较为密集，分维值最大（图3-10a）。内港A街道虽密集，但局部出现不规则的非格网形态（图3-10b）。外港A格网尺度较前两者更大，路网覆盖性较低。

东北A（1.52）、东北B（1.52）和外港B（1.53）分维值相近，其街区形态也较为相似。与上述三个单元类似，这些单元规划也是由澳葡政府聘请葡萄牙建筑师编制[36]，街区规

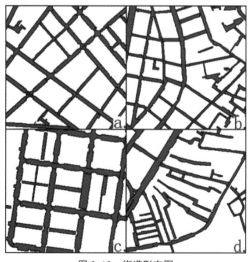

图3-10　街道形态图

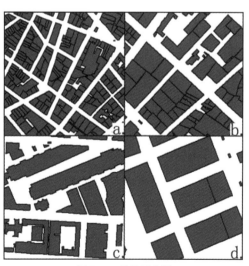

图3-11　地块形态图

划在澳门传统城市尺度的基础上更多地考虑适应在珠三角地区未来发展的需要，形成了较大的格网街道（图3-10c），最典型的是外港B为了适应大型娱乐场综合体的需要，合并临近几个街块形成超大地块。

内港B（1.45）、白区B（1.50）、西北A（1.50）、西北B（1.50）分维值较低，这些单元街道形态较为混杂，均一性较差。内港B以垂直岸线的街道为主，路网分布不均衡，自相似性最差（图3-10d）。白区B虽为格网形态，但由于望厦村的影响，断头路和"U"形、半圆形路网都大大降低了街道形态的统一性。西北单元为早期工业区和大陆难民收留区，长期缺乏整体规划，路网走向多样且大小不一，影响了单元景观的一致性。

（3）"小地块"型街区景观框架向"街廊"型街区景观框架转变

内港A（1.72）和白区A（1.70）地块分维值接近理想分维值1.71，远大于所有单元的平均值1.52，地块具有极高的自相似性。地块产权分归不同业主所有，虽然地块及建筑开发建设的选择性增多，但总体保持着多样化、小尺度的街区景观格局，体现一种自然有机的城市发展特征（图3-11a）。内港B（1.53）和白区B（1.58）略高于平均分维值，这两个单元的地块包括了较多的大地块（图3-11b）。

其他单元在80年代以后建设，为适应大体量居住、商业、工业建筑的需求，地块尺度明显较大，最典型的是外港B单元办公居住及大型酒店度假综合体占据数个街块，街道景观单调，缺乏人性化的尺度（图3-11c、图3-11d）。

（4）超大型建筑基底严重破坏城镇景观的自相似性

内港A（1.63）和白区A（1.63）建筑基底分维值远大于其他单元，而外港B（1.36）分维值最低。这种差异主要由建筑的体量和形式所导致。外港B在20世纪90年代原规划为统一的建筑基底占满120 m×54 m矩形街块，但政府在2006年废止外港新填海区规划，中间部分保留原有街块尺度，西侧改为两个超大型娱乐场分别占据六个矩形街块，东侧新规划一座大型娱乐场和文化建筑群（图3-12）。外港B虽仍保持相对较好的街道自相似性，但这些大型建筑基底极大地削弱了建筑景观的和谐统一。

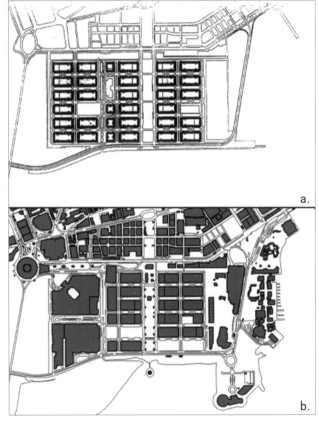

图 3-12 外港 B 不同时期建筑景观对比图

3.1.4 新城规划平面格局分维值的引导

对新城 A 区城市设计总平面的分析可知，其街道分维值（1.50）略低于澳门半岛平均值 1.53，与白区 B、西北单元的街道分维值一样。地块分维值（1.44）较差，低于澳门半岛平均值 1.53，仅略高于外港 B。建筑基底分维值则与澳门半岛平均值一致。

新城 A 区的街道和建筑基底分维值与东北 A 接近，可见，新城 A 区规划延续了澳门半岛东北区的平面格局。这与两者都以高密度居住为主的功能定位相契合（图 3-13）。但是东北 A 超高密度的规划已经受到诸多质疑，作为 21 世纪的新城区是否可以进一步改进？

从结果来看，新城 A 区需进一步提高街道和地块的自相似性，才能实现延续澳门半岛原有城市肌理的规划目标。在下一阶段的详细规划中，要进一步细分和明确产权地块的边界，适当降低建筑基底的占地面积，并增加不同类型的住宅建筑。

图 3-13　新城 A 区规划图

结论

平面格局三要素分形计算方法，可以定性、定量地认知复杂城镇景观。在对澳门城镇景观单元的分析中，揭示了澳门半岛 10 个不同区域的三种城镇景观类型，内港 A 和白区 A 属于近代格网型，三要素平均分维值 1.65；东北 A、东北 B、白区 B 和外港 A 属于现代格网型，三要素平均分维值 1.50～1.53；内港 B、西北 A、西北 B、外港 B、新城 A 区属于特殊型，分维值 1.42～1.48。相比而言，前两个类型构成了澳门半岛的传统城市形态特征，后者主要存在一些特殊区域。为此，新城 A 区城镇景观的平面格局需要进一步优化。

平面格局三要素的分维值指标有助于进一步管控城镇景观的形态发展，也为新旧城区的城市形态协调发展提供了重要的参考依据。尤其是，地块分维值是确保城镇景观和谐多样的重要指标，提高建筑基底分维值是控制建筑尺度过大，避免形态差异冲突的有效方法。然而，本书平面格局分形计算方法尚且存在几点不足：早期城市建筑高度分布信息难以获取，研究主要侧重城市形态的二维分析。在现代城市演化中，为了提高城市空间利用和空间配置效率，物质空间形态不仅仅是在平面格局上的扩展，建筑高度也不断发生着变化，加之地形、地貌的影响，城市形态呈现出越来越强的三维特征，之后的研究会加入建筑高度等因素，将平面格局二维分析扩展到三维领域；此外，无尺度区范围的测定目前仍依据人工判定，虽不影响研究结果，但为求得到更为准确的数据，将尝试结合二阶导数等数学算法，不断完善分形计算方法在城市形态研究中的应用[37]。

3.2 澳门望德堂塔石片区"点轴式"城市更新研究

（1）研究范围

望德堂区位于澳门半岛中部，是半岛五个堂区中最小的，也是唯一没有填海的堂区，面积约 64 ha（其中建设用地 35 ha），占澳门半岛总面积 6.5%。本书研究的塔石片区范围如图 3-14 所示，介于世遗大三巴片区和东望洋山之间，面积约为 29 ha。区内现有众多历史建筑、文化景观和文化设施，是望德堂区的核心，也是整个澳门半岛独具特色的城市区域。

（2）研究背景和意义

塔石片区的城市更新始于 2003 年望德堂创意产业园规划[38]，随后于 2005 年和 2008 年先后完成塔石球场保护与改造、澳门演艺学院改造[39]，成功地探索了片区内的历史建筑活化[40]。但是，以历史建筑为节点的保护和塔石片区整体发展的矛盾未能得到有效解决。2014 年初，澳门相关部门提出了"世遗核心区东线"发展构想。在此背景下，本研究基于城市发展规律和现状分析，提出点轴更新模式，寻求一种新旧互动的协同更新模式。

3.2.1 望德堂区点轴式发展历史

1. 宏观：近代澳门葡城的点轴空间结构

陆大道认为，城市和区域发展过程中，大部分社会经济要素在"点"上集聚，并由线状基础设施联系在一起而形成"轴"。这里的"点"指各级居民点和中心城市，"轴"

图 3-14 研究范围及区位

图例
1 花王堂
2 大堂及议事厅
3 风顺堂
4 望德堂
5 妈阁村
A 大炮台
B 加思栏炮台
C 番差衙
D 总督府前小炮台
E 葡人登陆点
a 大炮台
b 华人海关与市集
c 司打口
d 下环市

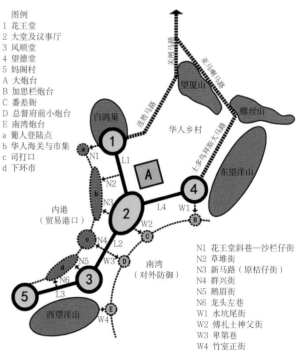

N1 花王堂斜巷—沙栏仔街
N2 草堆街
N3 新马路（原桔仔街）
N4 群兴街
N5 鹅眉街
N6 龙头左巷
W1 水坑尾街
W2 傅礼士神父街
W3 卑第巷
W4 竹室正街

图 3-15 澳门半岛点轴结构

指由交通、通讯干线和能源、水源通道连接起来的"基础设施束"，"轴"对附近区域有很强的经济吸引力和凝聚力。轴线上集中的社会经济设施通过产品、信息、技术、人员、金融等，对附近区域有扩散作用[41]。这种点轴发展模式构成了近代澳门葡城的城市空间结构，即以四个堂区为定居点和联系各点之间主要街道所形成的"Y"字形点轴空间骨架（图3-15）。同时，四个点从战略上也起到控制澳门海岸线的军事防御作用[42]，构成了"Y"字形的防御体系。

2. 微观：望德堂区的点轴发展历程

（1）"点"的发展：1899年前的城郊围里型定居点

望德堂区位于Y形骨架的东北（图3-15节点4），该区域的发展是依托东北交通干线，即从板樟堂街开始折往东北方向，经伯多禄局长街、水坑尾街，出水坑尾门连接望德堂区（图3-15 L4），再经过东望洋街、士多鸟拜斯大马路、亚马喇马路并通达关闸。这一重要交通干线构成了20世纪初至今望德堂区的空间发展脉络。基于此，1633年望德堂区出现最早的华人教徒定居点——进教围。1867年望德堂区人口为2 590人，仅占半岛人口的4.6%[43]，建成街巷54条[44]。由于受葡城商贸的吸引，1873年该区成为各地商人汇聚的新商业重心，传统农业几乎消亡[45]。与1871年相比，1878年半岛总人口大幅下降了16.4%，而望德堂区人口增至3 464人，比例上升至5.8%，街巷增至58条[46]。至1889年，进教围已经成为葡城东北郊外较具规模的华人聚居点。然而，1895年该片区爆发疫情，人口骤降至2 185人[47]，葡萄牙殖民统治者以改善卫生条件为由沿交通干线向北占领华人村庄[48]，开启了该片区的近代化进程（图3-16）。

（2）"轴"的形成：1899年至1960年的近代西方格网型堂区

该时期最主要的空间特征是基于发展主轴形成的正交格网式街区和带状公园。据记载，1899—1906年的"巷、里、围"大幅减少，至1906年几近消失，而至1944年"街"则迅速增加（表3-3）[49]。以交通干线为骨架的路网在1912年已经大致成型（图3-16d），1925年全部完工，形成了澳门近代第一个西式格网堂区。在1930—1950年战争期间，澳门作为中立地区吸引了大量避难人口（图3-17）。新增人口近一半在望德堂区，沿交通干线的住宅建设也随人口激增而增多。东侧的二龙喉带形公园则成为该片区重要的开敞空间，突显了格网形态的轴线特征。

图3-16　1866—1965年望德堂区发展演变地图

3.2.2 望德堂塔石片区的现况分析

（1）散点式无序建设破坏了传统点轴空间结构

20世纪六七十年代澳门博彩业、旅游业和近代工业兴起，经济转型复苏，八九十年代房地产业走向繁荣[50]，这一时期的城市建设呈现散点式无序发展，也导致了人口密度急剧攀升（图3-18）。首先，二龙喉带形公园被分割成7个地块，一些大型建设项目相继建成，轴线式开敞空间转变为一些不连续的点状场所（图3-19）。其次，80年代以后高层住宅建设较为随意，用地选择缺乏规划引导，尤其是回归以前的投机性建设（共有41块）。回归以后由于受相关法规限制，一定程度上遏制了无序发展（共有13块，图3-20）。

（2）日益繁重的南北向交通割裂了交通轴线空间两侧的步行交通联系

塔石片区位于东侧东望洋山（海拔91.07 m）和西侧大炮台山（海拔64.58 m）之间的凹地，整体地势由西南和东侧高，往中间凹，呈碗形。南侧西北—东南走向的道路高差较大，西南—东北走向的街道除贾伯乐提督街外，高差均较为平缓。受半岛地形限制，塔石片区成为半岛中部南北交通的瓶颈（图3-21），承担了北部高密度住区、主要入境口岸，与南部新马路南湾商业旅游办公区的巨大交通负荷[51]。此外，往大三巴景区的旅游巴士路线给这一区域增加了大量的大型车辆流

表3-3　1869—1944年望德堂区街道数量统计

年份	街	斜巷	巷	里	围	总数
1869	5	3	21	19	5	53
1878	6	3	21	20	7	57
1896	2	2	3	10	8	25
1906	6	2	0	0	1	9
1925	8	4	0	0	0	12
1944	10	3	0	1	0	14

单位：人

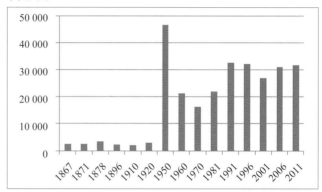

图3-17　1867—2011年望德堂区人口

单位：人/平方公里

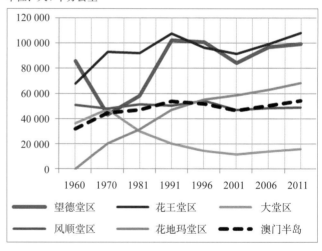

图3-18　1960—2011年望德堂区建设用地人口密度

量，进一步加重了交通压力（图3-22）。大量的过境交通导致各个街区、历史建筑和公共空间彼此隔离，步行环境遭到严重破坏。

（3）可利用的历史景观节点资源丰富

无序规划和交通分割导致一些重要建筑景观节

点缺乏联系，但这些重要节点具有独特的价值（图 3-23）。其中，建筑景观包括：①望德堂历史建筑群，该片区的首个华人定居点和当代文创园；②塔石广场历史建筑群，当代澳门重要文化建筑和活动聚集点；③二龙喉历史建筑群，近代重要纪念建筑。与前两者相比，后者目前仍然保留原有使用功能或作为政府组织办公的场所，未得到充分利用。场所景观包括：①圣美基坟场，澳门近代第一个大型西洋坟场，但较为封闭；②卢廉若公园，澳门现存最大的岭南私家园林；③原二龙喉公园，现存华士古达迦马花园、得胜花园、二龙喉公园，以及沿士多鸟拜斯大马路一侧原有树阵所形成的林荫道[52]，曾经作为 19 世纪末澳门最宏伟的勒诺特园林和苗圃[53]，具有重要意义。

（4）民生、旅游、文创等方面呈现新需求

望德堂片区商住用地占 48.6%，机关及公共设施用地 22.8%，教育用地占 14.3%，停车、对外交通、旅游设施、体育、殡葬设施及相关用地占 14.3%（图 3-24）。前三者的用地

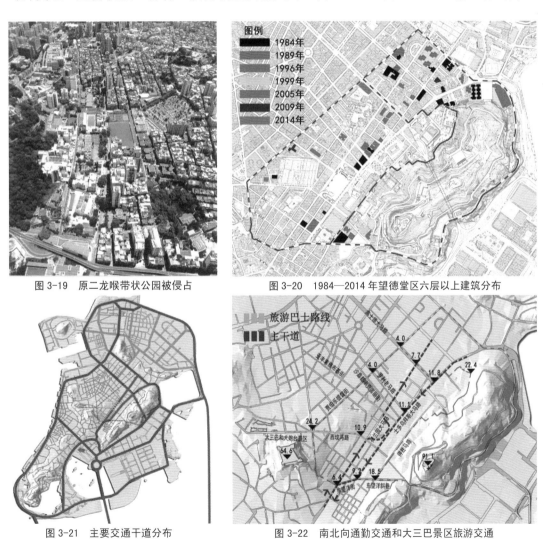

图 3-19　原二龙喉带状公园被侵占

图 3-20　1984—2014 年望德堂区六层以上建筑分布

图 3-21　主要交通干道分布

图 3-22　南北向通勤交通和大三巴景区旅游交通

超过八成，说明该片区是一个以居住和文化设施为主的片区。片区内学校密度全澳门最高，

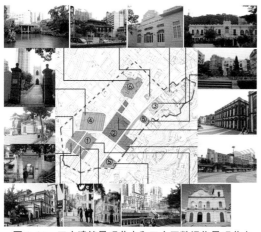

图3-23 三大建筑景观节点和三大开敞绿化景观节点

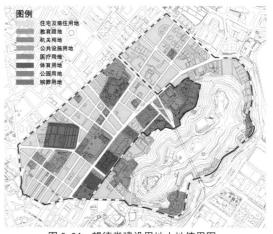

图3-24 望德堂建设用地土地使用图

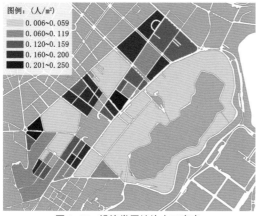

图3-25 望德堂区地块人口密度

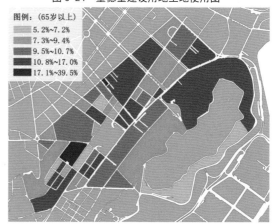

图3-26 望德堂区地块老龄化程度

是第二名花王堂的两倍[1]。该片区建设用地人口密度居澳门第二，主要集中于片区中北部（图3-25）。片区内人口老龄化程度是全澳门最严重的地区，高达10.8%[54]，主要集中于片区北部（图3-26）。与此相反，相关民生配套远远落后。该片区仅有图书室1处（位于中央图书馆，服务全澳门），青年中心1处，没有专门的老年服务中心。中央图书馆是目前学生和老人的主要学习和休闲场所，其空间无法满足需求，学生甚至只能在麦当劳等营业场所自习。

卢廉若公园和二龙喉公园是老年人的主要户外休闲场所，但仅有15.4%的居民经常前往二龙喉公园，且有58.3%的居民认为前往二龙喉公园的道路不畅、缺乏趣味性。从旅游和文创产业的角度，东望洋灯塔和大三巴景区是游客必去的地方，但90%的游客到达塔石片区是一种漫无目的的行为。另外，分别有41.7%的旅客和居民不知道望德堂文创区。可见，塔石片区是位于两个世遗景点之间的"盲区"。文创空间未成规模，旅游业和文创产业无法相互推动。

---

1 根据澳门教育暨青年局 http://portal.dsej.gov.mo/webdsejspace/internet/Inter_main_page.jsp#Inter_main_page.jsp?id=8379 统计。

3.2.3 塔石片区的点轴更新策略

（1）点轴更新策略的理论建构

基于发展历史和现状，为避免该片区城市发展的碎片化和边缘化，及其带来的空间结构松散、历史资源相互独立、城市功能落后的问题，本研究提出点轴更新策略。该策略源于点轴开发模式，点轴模式是通过发展轴线来带动区域成长，通过发达的交通干线来组织空间扩散，是一种高效的空间拓展手段。具体将其运用在城市更新中，就是以旧城区的交通干线为依托，整合利用独特的历史环境资源，创造空间协同发展的增长极点，从而实现"点—轴"结合、以点带面、新旧互动、新旧协同更新发展。本书将这一轴线称为再生轴，将这些历史环境资源节点称为原生点，将依托原生点而新置入的节点称为再生点，二者统称为生长点。尤其对于旧城区，再生点的选择具有较大灵活性，可以根据实际情况选择一些政府用地、弃置用地、具有共识的旧建筑作为切入点。点轴更新避免了对旧城区外科手术式的大拆大建，采用一种点线结合的微创式更新，达到一种"新旧共存、有机缝合"的目的。

（2）再生轴——构建人车分流的复合型交通轴线

点轴更新策略首先要确定再生轴，即片区内重要交通干线的更新，再生轴既要基于主要交通干线，又必须成为联系和带动各个节点更新的空间脉络。旧城区的交通干线一般作为主要机动车道，构建人车分流的复合型交通轴线是再生轴的理想模式（图3-27）。塔石片区的再生轴是一条基于士多鸟拜斯大马路的空中景观步道。该步道始于轴线沿士多鸟拜斯大马路一侧原有树阵所形成的林荫道，介于华士古达迦马花园和治安警察局架空绿化广场之间。营造一条连接南北次轴和塔石广场，且不受士多鸟拜斯大马路车流影响的空中景观步道，方便居民和游客，重塑望德堂区发展轴的空间特色，引入新的步行交通轴线体系，引导点轴整体更新。

再生轴的南北两端，增加东西向两个次轴，联系片区内的重要历史景观资源，形成鱼骨状的轴线骨架。南次轴为旅游创意步行轴，始于大炮台，经过大炮台回廊、炮兵巷、美珊枝街、疯堂斜巷、若翰亚美打街，抵达东端的华士古达迦马花园。营造一条串联世遗景区、创意产业区和旧住区，到士多鸟拜斯大马路的步行道。北次轴为市民健康步行轴，西端始于卢廉若公园正门，经过罗利老马路、荷兰园正街、巴士度街，连接治安警察局交通厅架空绿化广场，采用空中绿廊连接东望洋山的松山马路。营造一条串联卢廉若公园和松山的健康绿道，提供上山捷径的同时创造更多的社区公共空间，吸引更多的市民。

（3）再生点——依托现有资源和需求，形成各具特色的功能节点

图3-27 再生轴——空中景观步道

基于用地条件和历史背景，规划确定在整合已有 3 个历史建筑景观节点和 3 个历史场所景观节点的基础上，培育 3 个再生点。各再生点坚持差异化的更新思路，围绕所依托的现有历史环境资源，满足片区的功能需求。

①再生点 1：新创意工坊。用地范围包括西边圣美基街、东边肥利喇亚美打大马路、北边疯堂斜巷、南边水井斜巷所围合的区块。该节点位于望德堂文创区南侧，紧邻旅游创意步行轴。在功能上定位为文创区的空间拓展，营造完整的街坊式文创区。在景观上，整治该片区破旧的建筑景观和凌乱的屋顶违章搭盖，有利于改善大炮台的视觉景观。

②再生点 2：新创意艺墟。用地范围包括西边肥利喇亚美打大马路、北边高伟乐街、东面和南面东望洋街所围合的区块。旅游创意步行轴将北侧的文创区和该节点相连，且节点周边的商业氛围浓厚。因此，在功能上定位为改善居住环境，结合旅游消费的文创产品展示和销售配套。

③再生点 3：新社服中心。用地范围包括治安警察局交通厅、结核病防治中心和善牧会三个旧的政府建筑用地。结合旧建筑的再利用，该节点在功能上定位为市民活动休闲中心、学生学习活动中心和上山步行新通道。

（4）点轴式空间更新结构体系的渐进成型——网络化、层次性演进

从整体结构上看，再生轴是片区的核心，形成人性化的步行交通轴线网络，辐射周边的同时，有力地加强了片区整体联系。而生长点又辐射状带动周边发展，这些生长点与再生轴重构了塔石片区的网络化、多层次点轴系统。为形成该系统，其网络层次分为三个阶段构建。第一阶段建立再生轴和整合原生点，以再生轴和原生点梳理片区内的空间结构，并辐射周边，建立人性化的交通联系网络，点轴架构初步成型。第二阶段重点营造三个再生点，回应旧城区的新需求，提升片区在民生、旅游和文创方面的城市功能，点轴架构逐步成熟。第三阶段强化生长点和再生轴相交融的网状结构，多层级点轴更新模式趋于完善（图 3-28、图 3-29）。

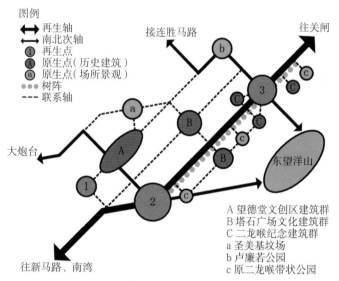

图 3-28　塔石片区点轴更新网络结构图

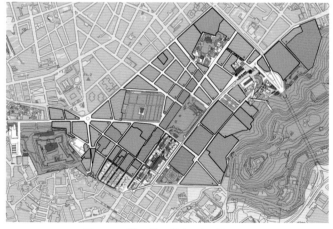

图 3-29　塔石片区城市更新总平面图

3.2.4 三个再生点的更新案例

1. 再生点1：屋顶触媒——自上而下的屋顶"负建筑"

该节点用地内保留了近代背靠背中间天井式平民住区肌理，目前绝大多数地块作为私人住宅用途，长期自发营建形成了不同年代、不同形式、不同高度建筑拼合的"杂乱"景象。尤其是住房紧张导致的自发屋顶违章搭建，给居民带来了生活空间的拓展和额外的经济收入，但这种非正规性的空间利用在安全性和合理性上一直遭到政府部门的反对。屋顶触媒正是基于这种"自然现象"，因势利导，结合该节点的文创功能，重新规划屋顶空间资源，提出"负建筑"作为屋顶空间拓展的触媒（图3-30）。

（1）屋顶剩余空间的充分利用

a. 塔石区屋顶自发违建现象

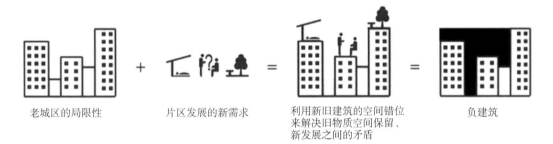

老城区的局限性　　片区发展的新需求　　利用新旧建筑的空间错位　　负建筑
　　　　　　　　　　　　　　　　　　来解决旧物质空间保留、
　　　　　　　　　　　　　　　　　　新发展之间的矛盾

b. 负建筑概念

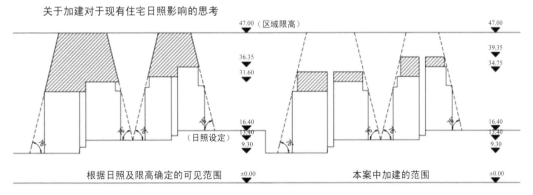

c. 屋顶可建范围分析

图3-30　屋顶"负建筑"

屋顶建设范围基于两个因素：一是该片区建筑限高47 m，同时满足从街面中轴线向上展开与地面水平面形成76°角面的范围限制；二是充分利用该片区地块间建筑高差和一些闲置用地，在限高范围内、屋顶以上寻求水平向可用空间，在地块之间的弃置用地营造屋顶加建部分直通地面的竖向交通和使用空间。在可建范围内，安排了艺术家个人创意单元、艺术家公共工作室、图书馆、咖啡厅、空中休闲广场、空中展场、空中花园、空中步道，构成一个多元立体的、用于艺术家和市民创作的休闲空间（图3-31）。

（2）悬吊式结构形式

屋顶加建部分采用"T"形钢桁架悬吊结构，立柱位于排屋中间2m宽天井内，柱距配合原有地块的开间。屋顶钢架悬臂部分增加竖向拉索防止倾倒，增强稳定性。从主体结构下吊功能空间，最多下吊五层空间。屋顶钢桁架形式为露明三角骨架，主要有两个原因：一是延续近代该片区平民排屋建筑的坡屋顶意向，与现状北侧保护建筑的屋顶形式协调；二是充分营造多功能的屋顶空间，向阳面布置太阳能光伏板，利用坡屋面三角空间提供晾晒及休憩绿化空间（图3-32）。

2. 再生点2：夹缝求生——"旧＋新＋旧"夹心式街区改造

该节点现状街区为进深30m，宽60～80m不等的矩形街廓，建筑为背靠背的独立地块住宅。该区域外围的建筑状况较好，商业氛围较成熟。但中间的亚卑寮奴你士街则形成巨大反差，街道狭小仅5m宽，采光条件和环境卫生条件均较差。因此，采用"夹心式"

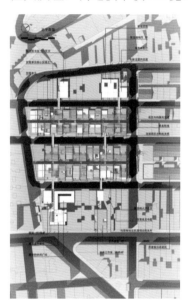
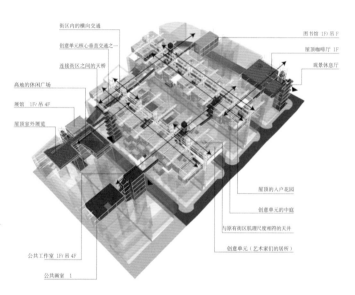

图 3-31　负建筑的功能布局

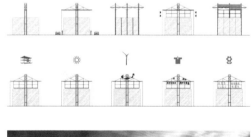
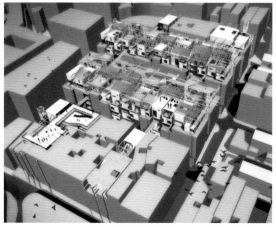

图 3-32　负建筑的结构与形式

旧区改造方式，即保留外围地块建筑，改造内侧地块建筑。通过这种方式，在街区外围延续了街区原有风貌和尺度，在街区内核营造新的空间功能并重新激活街区的活力（图3-33）。

（1）街区改造的总体思路

该节点的总体定位为旧区重整，与再生点1一样，也必须遵守47 m限高和76°线的法规要求。在此前提下，"夹心式"的改造遵循以下思路：第一，保留原居民就地回迁，回迁后的居住环境得以较大改善；第二，每个地块在法规容许的前提下，适当在二至四层增加商业空间，整合成为服务于文创和旅游的新艺墟，为改造带来收益；第三，人车分离，一层外围店面的内部提供公共停车场，二层平台与疯堂斜巷通过天桥连接，延伸形成新艺墟广场。

（2）民生和文创双赢的复合型功能空间

中间地块新建建筑高度在原有基础上可增加17～20 m的开发空间，形成新的空间模式；

①首先，将内侧原住宅（5层）进行垂直抬升，使内部住宅高出街区外侧住宅，获得4层（第六至九层）双面采光的居住空间和1层（第五层）单面采光的居住空间。这种方

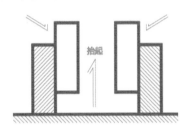

a. 原体量抬升

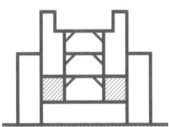

b. 获取更多空间和采光

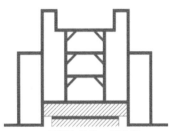

c. 局部夹层的一层车库

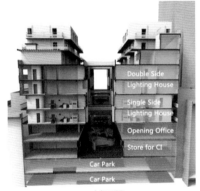

d. 剖面图

e. 一层车库与二层新艺墟平台的空间联系

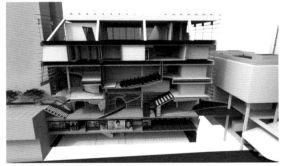

f. 新艺墟多功能公共活动中心剖面

g. 新艺墟平台线性商业街

图 3-33　新艺墟空间生成

式，保证了原有居民的居住面积，而居住品质则大为改善。

②其次，将原有地面抬升至二层，形成"空中艺墟广场"，结合南次轴的位置，架设过街天桥连接文创区和华士古达迦马花园，并与再生轴相连。"艺墟广场"打造具有画廊、书店、咖啡厅、酒吧、工作室、设计商店和创意酒店的小型创意综合体。二层和三层作为创意工作室，四层作为创意酒店。

③再次，利用"空中平台"下的地面空间，设计可停约100辆车的错层停车库。为提高停车库的使用率，白天车位主要提供给新艺墟的工作和商业人群，晚上车位则提供给住户，通过功能互补，既吸引人流，也能缓解文创区的停车问题。

3. 再生点3：绿道串联——结合新上山捷径营造"游览建筑"

为配合北次轴作为市民健康步行轴的定位，再生点3将作为市民和游客前往东望洋山的新捷径。同时，从功能上亦可满足周边社区居民的生活需求。因此，利用交通厅、结核病防治中心、善牧会等旧政府建筑功能置换，见缝插针式地设计一座上山的"游览建筑"，为市民创造新的休闲空间。

（1）"T"形绿道串联绿化资源

利用治安警察局交通厅场地与士多鸟拜斯大马路的高差，营造过街空中绿化广场。往南可以衔接再生轴，延续士多鸟拜斯大马路绿化景观。往西可以步行抵达澳门孙中山纪念馆和卢廉若公园，以及位于荷兰园大马路的公交车站。该车站是澳门半岛居民往北区的重要站点。往东进入交通厅新建建筑，该建筑采用螺旋式覆土建筑，并衔接三个不同标高的天桥式建筑。顺应高差，将松山绿化顺势引至过街空中绿化广场，同时为市民和游客提供欣赏松山景色和城市景观的观景平台，成为抵达松山健康道的新廊桥。

（2）服务周边市民的新活动中心

该节点在功能规划上分为三部分：一是将原交通厅主体建筑改为学生活动中心。保

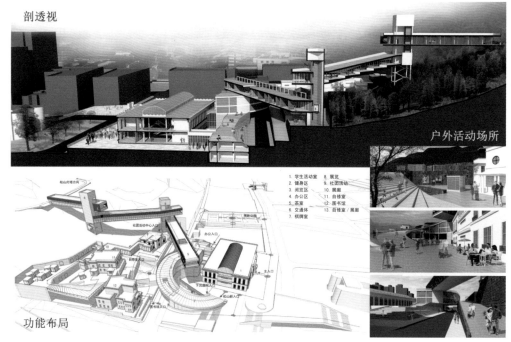

图3-34　三大建筑景观节点和三大开敞绿化景观节点

留外立面只做内部功能改造，将澳门学生课余主要活动作为功能置入其中。二是将原结核病防治中心北栋改为社区图书馆，南栋改为学生自习室。三是新扩建综合活动中心，地面部分主要设置运动康体设施、会议交流设施等人流密集的功能，空中连廊部分主要设置棋牌、阅览、咖啡、社团活动等人流分散的功能。将市民上山锻炼的必要性活动和休闲学习的自发性活动有机结合在新活动中心（图3-34）。

3.2.5 结语

本研究基于历史发展和现况分析，提出塔石片区的点轴更新，即依托再生轴整合散点分布的环境资源和培育新的空间增长点，构建多层级网络化的点轴更新整体格局，并通过新节点的设计案例探索空间操作的可行性和具体化。适应时代变革是城市更新和发展的内在动力，城市更新不仅是对历史建筑的保护，更涉及所在街区的整体发展。点轴更新是一种宏观网络建构与微观节点营造相协调、新旧互动共存的旧城更新思路。这种思路在宏观上带有自上而下的规划引导，在微观上具有较大的灵活性和创造性。

参考文献

[1]　袁壮兵 . 澳门城市空间形态演变及其影响因素分析 [J]. 城市规划，2011,35(9)：26-32.

[2]　赵炳时 . 回顾与展望——澳门城市发展与建筑特色 [J]. 世界建筑，1999(12)：16-20.

[3]　薛凤旋 . 澳门五百年：一个特殊中国城市的兴起与发展 [M]. 香港：三联书店（香港）有限公司,2012.

[4]　刘先觉，玄峰 . 澳门城市发展概况 [J]. 华中建筑，2002(6):92-96.

[5]　郑剑艺，田银生 . 回归以来内地在澳门城市规划领域的相关研究综述 [J]. 建筑与文化，2015(6)：12-17.

[6]　严忠明 . 一个海风吹来的城市：早期澳门城市发展史研究 [M]. 广州：广东人民出版社,2006.

[7]　王维仁，张鹊桥 . 围的再生：澳门历史街区城市肌理研究 [G]. 澳门：澳门特别行政区政府澳门文化局，2010.

[8]　郭声波，郭姝伶 . 近代澳门半岛北部的市域扩张与道路建设 [J]. 中国历史地理论丛，2012,27(3)：122-132.

[9]　郑冠伟 . 澳门城市规划的发展及延续方向 [J]. 建筑学报，1999(12)：6-10.

[10]　邢荣发 . 澳门马场区沧桑六十年（1925—1985）[J]. 文化杂志，2005(56)：1-15.

[11]　封晨，王浩锋，饶小军 . 澳门半岛城市空间形态的演变研究 [J]. 南方建筑，2012(4)：64-72.

[12]　Whitehand J W R. British urban morphology: the Conzenian tradition[J]. Urban Morphology, 2001, 5(2):103-109.

[13]　Conzen M R G. Alnwick, Northumberland : a study in town plan analysis[M]. London: George Philip, 1960.

[14]　陶伟，汤静雯，田银生 . 西方历史城镇景观保护与管理：康泽恩流派的理论与实践 [J]. 国际城市规划，2010,25(5)：108-114.

[15]　谷凯 . 城市形态的理论与方法——探索全面与理性的研究框架 [J]. 城市规划，2001,25(12)：36-41.

[16]　田银生，谷凯，陶伟 . 城市形态研究与城市历史保护规划 [J]. 城市规划，2010,34(4)：21-26.

[17]　陈飞，谷凯．西方建筑类型学和城市形态学：整合与应用［J］．建筑师，2009(2)：53-58.

[18]　Whitehand J W R, Gu K. Extending the compass of plan analysis: a Chinese exploration[J]. Urban Morphology, 2007, 11(2): 91.

[19]　Whitehand J W R, Gu K, Whitehand S M. Fringe belts and socioeconomic change in China[J]. Environment & Planning B Planning & Design, 2011, 38(1): 41-60.

[20]　Whitehand J W R, Gu K, Whitehand S M, et al. Urban morphology and conservation in China[J]. Cities, 2011, 28(2): 171-185.

[21]　Conzen M P, Gu K, Whitehand J W R. Comparing traditional urban form in China and Europe: a fringe-belt approach[J]. Urban Geography, 2012, 33(1): 22-45.

[22]　Whitehand J W R, Conzen M P, Gu K. Plan analysis of historical cities: a Sino-European comparison[J]. Urban Morphology, 2016, 20(2): 139-158.

[23]　怀特汉德，宋峰，邓洁．城市形态区域化与城镇历史景观［J］．中国园林，2010，26(9)：53-58.

[24]　Whitehand J W R. The urban landscape: historical development and management[M]. Salt Lake City: Academic Press, 1981.

[25]　叶宇，庄宇．城市形态学中量化分析方法的涌现［J］．城市设计，2016(4)：56-65.

[26]　Ye Y, van Nes A. Quantitative tools in urban morphology: combining space syntax, space matrix, and mixed-use index in a GIS framework[J]. Urban morphology, 2014, 18(2): 9.

[27]　Oliveira V, Medeiros V. Morpho:combining morphological measures[J]. Environment & Planning B Planning & Design, 2015, 43(5): 805-825.

[28]　Batty M, Longley P A. Fractal cities: a geometry of form and function[M]. Salt Lake City: Academic Press, 1994.

[29]　Whitehand J W R. Fractal cities: a geometry of form and function (Book Review)[J]. The Geographical Journal, 1996, 162(1): 113-114.

[30]　叶俊，陈秉钊．分形理论在城市研究中的应用［J］．城市规划汇刊，2001(4)：38-42.

[31]　葛美玲，蔺启忠．基于遥感图像的城市形态分维计算网格法的实现［J］．北京大学学报（自然科学版），2007(4)：517-522.

[32]　陈彦光，刘继生．城市形态边界维数与常用空间测度的关系［J］．东北师大学报（自然科学版），2006,38(2)：126-131.

[33]　Batty M. Generating urban forms from diffusive growth[J]. Environment and Planning A, 1991, 23(4): 511-544.

[34]　Amaro A M. Das cabanas de palha às torres de betão: assim cresceu Macau[M]. Lisbon: Universidade Tecnica De Lisboa, 1998.

[35]　汪富泉，李后强．分形：大自然的艺术构造［M］．济南：山东教育出版社,1996.

[36]　来格尔·利马，孙凌波．遗失山海之间的联系——澳门外港新填海区规划回顾［J］．世界建筑，2009(12)：35-37.

[37]　秦静．基于三维计盒法的城市空间形态分维计算和分析［J］．地理研究，2015(1)：85-96.

[38]　崔世平，兰小梅，罗赤．澳门创意产业区的规划研究与实践［J］．城市规划，2004(8)：93-96.

[39]　陈建成，鲍少基，王小玲，等．新澳门演艺学院音乐系，澳门，中国［J］．世界建筑,2009(12)：70-73.

[40]　Prescott J A. A fragment of architecture: a moment in the history of the development

of Macau[M]. Macau:Hewell Publications,1993.

[41] 陆大道 . 关于 "点—轴" 空间结构系统的形成机理分析 [J]. 地理科学，2002(1)：1-6.

[42] Calado M,Mendes M C, Toussaint M. Macau: memorial city on the estuary of the river pearls [J]. Review of Culture (English Edition), 1998 (36,37):111-198.

[43] Boletim da Provincia de Macau e Timor [R].1867, XIII(38):219.

[44] Boletim da Provincia de Macau e Timor [R].1869, XV(31):147.

[45] Amaro A M. The old village of Mony Ha I Once knew [J]. Review of Culture (English Edition), 2001(38,39): 155-182.

[46] 澳门帝汶宪报 [R], 1880，第 52 号附报 :25.

[47] 澳门帝汶宪报 [R], 1897，第 6 号第二附报 :101.

[48] Armando A C. San Kiu[J]. Review of Culture(English Edition), 1998 (36,37):199-215.

[49] Confecionado por Euclides Honor Rodrigues Vianna. Cadastro das Vias Pubilcas de Macau[M]. Macau:Tipografia Noronha & Ca., 1906.

[50] 柯庆耀 . 澳门房地产发展因素研究 [D]. 厦门：华侨大学，2005: 14-15.

[51] 杨沛儒，李铮伟 . 澳门城市中心区碳排放分析评估方法 [J]. 规划师，2013(3)：68-74.

[52] 佘美萱，李敏 . 澳门高密度城区道路绿化景观优化规划策略 [J]. 规划师，2014(7)：97-101.

[53] Jose da Conceicao Afonso. A green revolution in macau nineteenth century[J]. Review of Culture (English Edition), 1998 (36,37):217-249.

[54] 澳门特别行政区政府统计暨普查局 .2011 人口普查详细结果 [R]. 澳门：统计暨普查局 ,2012.

[55] Augusto de Souza Barbeiro. Cadastro das vias e outros lugares publicos da cidade de Macau[M]. Macau:Po Man Lau, 1925.

[56] Cadastro das vias e outros lugares publicos da cidade de Macau[M]. Macau, 1944.

图表来源

图 3-1 根据澳门地图绘制暨地籍局提供的 1912 年以后的填海地图改绘

图 3-2 参考文献 [24],p26 Figure 1

图 3-3 本研究整理，底图为 2015 年澳门半岛 GIS 地图

图 3-12 图 a 引自《澳门宪报》1991 年 4 月 18 日，第 2 号附报，p1631；图 b 改绘自 2016 年澳门地图

图 3-13 《澳门新城区总体规划第三阶段咨询》，p59 新城 A 区总体规划平面图

图 3-16 a～f、h 底图来源于澳门历史档案馆，档案号依次为 MNL.05.04a.CART、MNL.03.08.Cart est.12、MNL.10.18h.Cart、MNL.11.01.Cart.p.2、MNL.12.04bg.Cart、MNL.10.18c.Cart、MNL.05.29. Cart；g 底图来源于参考文献 [20] P17

图 3-17 根据《澳门及其人口演变五百年（1500—2000 年）：人口社会及经济探讨》和参考文献 [52] 整理

图 3-19 引自 Filipe J, Francisco F. Macau Visto do Céu[M]. Lisboa: Argumentum Edicoes Lda,1999:78

图 3-20 根据澳门地图测绘暨地籍局 1984 年、1989 年、1996 年、1999 年、2005 年、2009 年、2014 年测绘地图研究整理

图 3-27 引自 http://www.dssopt.gov.mo/zh_HANS/home/constructInfo/id/158

表 3-3 根据参考文献 [43][44][46][47][49][50][56] 整理

其余图表均为本研究绘制或拍摄

第四章

居住方式调查方法

第四章 居住方式调查方法

4.1 蔡氏古民居的居住方式及其再利用研究

（1）研究概要

民居不仅仅是拥有稳定形式的建筑实体，更反映着一定模式的空间组织方式。研究民居关键在于理解它是如何通过空间组织将生产、生活以及文化观念纳入建筑形式，又如何在同一背景下使各个民居能够拥有其独特之处，并得以承传。借助行为学的研究方式，本书旨在分析典型闽南民居——官式大厝的文化建构、组织方式、形式与行为等关系，以冀提出一种可行、可靠、可循的保护与发展策略[1-2]。

官式大厝，又称皇宫起，为多进合院式大型民居形式，其典型代表有已被列入国家级重点文物保护单位的南安蔡氏古民居建筑群与晋江施琅宅[1]。本书以泉州南安蔡氏古民居建筑群为例，研究现代社会与文化背景下官式大厝的居住方式与保护、再利用的可行性[3]。

笔者多次前往南安进行实地调研，将其中形制较完整、居住人口较多、较能反映真实生活形态的德梯、世双、世佑等六栋大厝选做研究对象。绘制其平面及家具布置，并以现场采集、居民访谈的方法，对使用者行为活动、生活习俗等进行调查，在此基础上运用类型学的方法分析民居的空间特质及内涵。

（2）研究对象概要

蔡氏古民居建筑群地处背山面水的平坦地带，坐北朝南偏东15°，东西总长200 m有余，南北宽约100 m（图4-1）。建筑单体均为两到三进的五间张闽南官式大厝，以塌岫[2]、前厅、天井、正厅、后轩纵向序列为轴，对称分布东西上房、东西下房和榉头等主

图4-1 蔡氏古民居建筑群平面图

---

1 二者于 2001 年 6 月 25 日和 2006 年 5 月 25 日，分批入选全国重点文物保护单位。

2 又称塌寿，即门墙退后一至两个步架所形成的内凹空间，多作砖石装饰。

要房间，较为讲究的主厝还设有花向以及作为辅助房间使用的护厝（图 4-2）。旧制中，正厅是祭祀祖先、神明的场所，与生活区域截然分开，使用亦有诸多禁忌。正厅两侧分别立有东西上房、东西边房，与上房相对，前厅两侧房间名为下房与角房，多设门相通，作为卧室、起居使用。天井两侧厢房称为榉头，东侧通常用作厨房，西侧用作书房或客厅[4]。

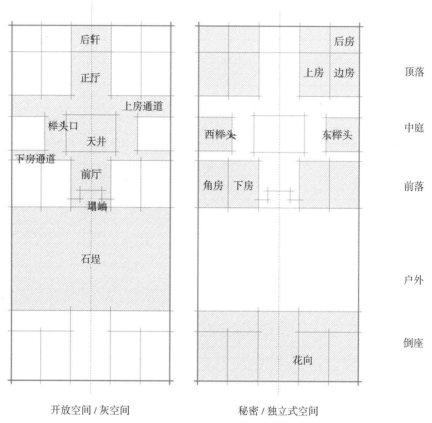

开放空间 / 灰空间　　　　　　秘密 / 独立式空间

图 4-2　官式大厝平面形制示意图

4.1.1 蔡氏古民居的空间使用现状

通过对德梯厝、蔡浅别馆、世双厝、世佑厝、启昌厝、彩楼厝六栋大厝现有空间使用状况的调研及分析，将其家庭、分户、空间分布情况整理如表 4-1 所示。下文凡提到家庭单元名称均用表 4-1 所示的编号表示。

1. 单元关系

（1）德梯厝

德梯厝建于 1889 年，平面形制为两落五间张双护厝型。主厝部分房间遭受火灾，改为石结构，现有两户人家居住（图 4-3），为租赁关系。房东家（德 1）居于德梯主厝与东护厝内，套内房间包括正房 8 间、榉头 1 间（东侧已毁坏）、后轩 1 间以及护厝房 6 间，套内面积约 484.7 m²；[1] 房客家（德 2）一家租住西侧护厝，其户型由 6 间护厝房及护厝通道组成，套内面积约 133.5 m²。两户均有独立出入口，动线完全分离。

1　套内面积按使用面积与交通面积的总和计算，合用的交通面积则按户数平摊，前厅、天井庭院等公共空间不包括在内。

表 4-1　蔡氏古民居空间布局基本信息一览表

大厝名称	家庭单元编号	家庭构成	套内面积（m²）	家庭情况-独立出入口	家庭情况-夫妻同寝	经济来源-务工	经济来源-务农	起居/客厅-过厅	起居/客厅-正房	起居/客厅-榉头	起居/客厅-护厝	厨房-护厝	厨房-榉头	厨房-后轩	厨房-其他	餐厨-一体	餐厨-同	餐厨-分离	补充-卫浴	补充-作坊	补充-禽舍
德梯厝	德1	夫妇+子	484.7	○	×	○	○	×	×	×	○	○	×	×	×	○	×	×	×	×	×
德梯厝	德2	夫妇+子	133.5	○	○	○	×	×	×	×	○	○	×	×	×	○	×	×	×	×	×
蔡浅别馆	蔡1	夫妇+孙	551.0	○	×	○	○	○	×	×	×	×	○	×	×	○	×	×	○	○	○
蔡浅别馆	蔡2	单身	47.2	○	/	○	×	×	×	×	○	○	×	×	×	×	×	○	×	×	×
世双厝	双1	夫妇+子	141.1	×	○	×	○	×	○	×	×	○	×	×	×	×	○	×	×	×	×
世双厝	双2	夫妇+子	201.2	×	○	○	×	×	○	×	×	○	×	×	×	×	○	×	×	×	×
世双厝	双3	单身	111.0	×	×	○	×	×	×	×	○	○	×	×	×	○	×	×	×	×	×
世佑厝	佑1	单身	58.4	×	/	○	×	×	○	×	×	○	×	×	×	×	○	×	×	×	×
世佑厝	佑2	夫妇+子	150.3	×	○	×	○	×	○	×	×	○	×	×	×	×	○	×	×	×	×
世佑厝	佑3	夫妇	82.1	○	○	×	○	×	×	×	×	○	×	×	×	×	○	×	○	×	×
启昌厝	启1	夫妇+子+老	128.6	×	○	○	×	×	×	×	×	○	×	×	×	×	○	×	○	○	×
启昌厝	启2	夫妇	66.5	○	×	○	×	○	×	×	×	○	×	×	×	×	○	×	×	×	×
启昌厝	启3	夫妇+子	134.5	○	×	○	×	○	×	×	×	×	×	×	×	○	×	×	×	×	×
彩楼厝	彩1	夫妇	59.5	○	○	○	×	×	×	○	×	×	×	○	×	×	○	×	×	×	×
彩楼厝	彩2	夫妇+子	87.7	○	×	○	×	×	×	×	×	×	×	×	○	×	×	○	○	×	○
彩楼厝	彩3	夫妇+子	113.1	○	×	○	×	×	×	×	×	×	×	×	○	○	×	×	○	○	×
彩楼厝	彩4	夫妇+子	57.8	○	×	○	×	×	×	×	×	×	×	○	×	×	×	○	×	×	○
总计（户）	17			11	7	14	5	3	4	1	4	11	1	2	2	6	8	3	5	3	3

[1] 住宅情况中过厅指包括前厅、正厅以及护厝通道等具有过道功能的空间；正房指主厝内上房或下房；其他包括后罩房和护厝通道；作坊包括作坊、废品回收处以及小卖部。

[2] 餐厨关系的一体化指餐厅、厨房存在直接连通关系，同一指餐厅、厨房共用同一空间。

（2）蔡浅别馆

蔡浅别馆建于 1906 年，属两落五间张单护厝型，护厝大面积损毁，现住有两户（图 4-4）。与德梯厝相同，屋主把剩余房间出租。房东家（蔡1）居于主厝。由于西侧护厝损毁严重，倒塌房屋改作禽舍，房客家（蔡2）仅借住在现存 2 间护厝中，面积约 47.2 m²。两户均有独立出入口，动线完全分离。

（3）世双厝

世双厝建于 1867 年，属两落五间张双护厝型，是蔡氏民居群中的早期建筑，保存较为完好，目前有三户人家居住（图 4-5），为叔侄关系。大侄儿家（双1）包括东上房 2 间、东护厝房 3 间，面积约 141.1 m²；二侄儿家（双2）包括西下房 2 间、西榉头 1 间以及西护厝房 6 间，面积约 201.2 m²；叔叔家（双3）则使用东下房 2 间和其余东护厝房 3 间，套内面积 111.0 m²。前厅、天井、正厅、后轩为公共空间。世双厝住户间为二代非直系亲

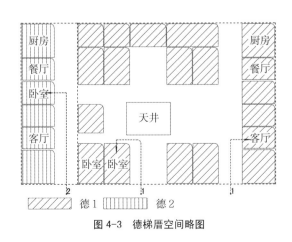

图 4-3　德梯厝空间略图

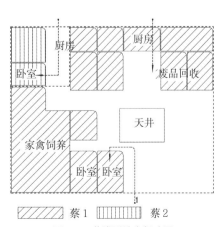

图 4-4　蔡浅别馆空间略图

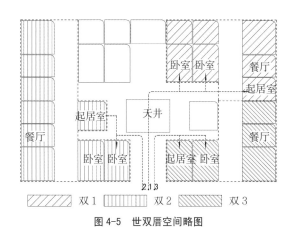

图 4-5 世双厝空间略图

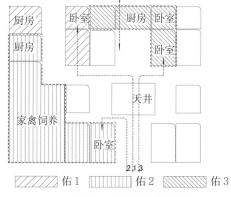

图 4-6 世佑厝空间略图

属关系，大侄居于东北位、二侄居于西南位、叔叔居于东南位；三家共同使用位于大厝前厅的正门作为主入口，但均有独立出入口作为补充，大侄与叔叔家于护厝通道中部设门分隔；前厅至后轩的线性空间基本保持原有通道、祭祀等功能与公共属性。

（4）世佑厝

世佑厝和德梯厝同期修建，形制相仿，但东侧护厝已完全毁坏，西侧仅余2间，现有3户人家居住在内（图4-6），为叔侄关系。大侄儿家（佑1）包括西边房1间、西护厝房1间，套内面积约58.4㎡；二侄儿家（佑2）包括西下房2间、西护厝房1间以及改作禽舍的损毁护厝房4间，套内面积约150.3㎡；叔叔家（佑3）包括东上房1间、后轩1间和西后上房1间，套内面积约82.1㎡。前厅、天井为公共空间。住户间为二代非直系亲属关系，大侄居于西北位、二侄居于西南位、叔叔居于东北位；三家皆以大厝正门作为主入口。此外，大侄、二侄共同使用西护厝尾出入口，叔叔家则因将后轩作为厨房，而将该处房门作为次入口；三家并无明显分隔，动线亦多重合或交叉；正厅目前被叔叔家用作餐厅，但仍保留祭祀的功能。

（5）启昌厝

启昌厝建于1867年，属两落五间张单护厝型，基本保存完好，现住有3户（图4-7），为堂兄弟关系。兄长家（启1）包括西上房2间、西下房2间以及西侧榉头1间，套内面积约128.6㎡；二弟家（启2）仅占有其余东护厝房3间，约66.5㎡；三弟家（启3）包括东上房2间和东护厝房3间，套内面积134.5㎡。现有住户于原户主去世后迁入，兄长居于西侧，二弟、三弟于东侧以及护厝内；兄长、三弟共同使用前厅正门，三弟于护厝房内向火巷[1]自行开辟独立出入口，二弟家位于护厝内，故仅使用护厝入口，而与前两者动线分离；正厅作共同祭祀之用。

（6）彩楼厝

彩楼厝建于1889年，属三落五间张单护厝型，保存较为完好，现住有4户3代人（图4-8）。蔡氏夫妇（彩1）居于西南隅的下房2间和相邻护厝房内，约59.5㎡；长子家（彩2）位于大厝西北，包括西上房2间以及第三进的后罩房1间，约87.7㎡；次子家（彩3）包括东上房2间和西护厝房2间，约113.1㎡；幺子家（彩4）则占据东下房2间及西护

---

1 闽南方言，对防火通道的称呼。

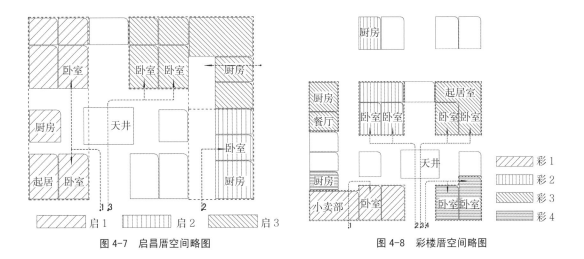

图 4-7　启昌厝空间略图　　　　　图 4-8　彩楼厝空间略图

厝房 1 间，约 57.8 m²。前厅、天井、正厅、后轩以及大部分后罩房均为公共空间。彩楼厝居民为三代直系家庭，蔡氏夫妇居于西南位、长子居于西北位、次子于东北位、幺子为东南位；4 户共同使用前厅正门，但蔡氏夫妇一家更倾向位于护厝的出入口；户间并无明显分隔，且动线多有重合或交叉，前厅、天井、正厅等公共空间保持原有功能。

　　由上可知，蔡氏古民居所反映的单元关系大致有两种，即按租赁或伦理关系所产生的空间组织方式：

　　①租赁关系。在这种分户方式下，房东居于主厝，将护厝或部分护厝对外招租，并能够在保持旧有生活习惯的基础上，将富余空间用来扩充功能或作重新调整。房东与房客各自单元均有独立出入口，并于上、下房通道处设门阻隔，两者动线完全分离。

　　②伦理关系。房间分配有如下特点：兄弟于正房分配时，通常是兄长居于上房，弟幼居于下房，并保证正房分配的相对均衡；东西侧正房的选择上，以便宜为准，即优先考虑易与辅助房间形成组团者；榉头、护厝房、后轩等辅助房间按就近原则并入各单元内，倘主厝仅配有单侧护厝，如彩楼、世佑，则按长幼顺序自护厝尾起进行分配，但并非严格遵循均衡。若成年子嗣与父母或旁系长辈同住，长辈的正房分配次序位于子嗣之后，或居于第三进，或分得其余下房，辅助房间分配更逊于弟幼。这种分户方式下，其人流动线有如下特点：各单元多于护厝头尾或后轩处开辟独立出入口作为辅助交通，但也存在相邻单元合用，或因位置所限无此功能的情况，如佑 1、佑 2、彩 3、彩 4 等；除两家均分护厝处有门阻隔外，多不另设界限，主动线自前厅枝状展开，因部分户型由分离模块组成，单元间动线存在交叉或重合，极少数完全分离，如启 2；另外，前厅、正厅、天井等公共空间通常由几户共同使用，而位于榉头的厨房或客厅，其功能和领域会向天井略有渗透。

　　2. 单元构成

　　德 1 由夫妇和孩子组成，丈夫在附近务工，妻子操持家务。此户型内，卧室位于主厝西下房，夫妇分室而居；厨房、餐厅在西护厝尾 2 间，设门相通，并于厨房内加建浴室；客厅位于西护厝入口附近；厕所设在已倒塌东榉头，作简单遮蔽；其余房间空闲或仅作储藏之用。

德2由夫妇和孩子组成,夫妻共同外出务工。此户型内,自护厝头向北依次布置储藏间、客厅、客卧、主卧、餐厅、厨房,后两者间隔墙拆除,并于厨房内加建卫浴房间。

蔡1由夫妇和孙子组成,丈夫从事废品回收业,妻子操持家务。此户型内,卧室位于主厝西下房,夫妇分室而居;厨房设在后轩处,并以正厅作为餐厅,并设有工作用房;由于家人出入主要使用北向后轩门,故将前厅作为客厅;东上房和上房通道用来储存回收废品。

蔡2为单身老人,子女均在外成家并提供赡养费。以位于护厝通道的厨房为中心,星状分布其他房间,厨房兼具会客、餐饮、祭祀等功能。

双1由夫妇和孩子组成,丈夫、儿子均外出打工,并附带销售瓷器,此户型内,夫妇卧室位于东边房,儿子卧室位于东上房;厨房、餐厅在东护厝尾2间,设门相通,并于餐厅内加建浴室;客厅设在护厝内。

双2由夫妇和孩子组成,丈夫在附近务工,妻子操持家务。夫妇卧室位于主厝西下房,分室而居;厨房、餐厅在护厝头2间,设门相通;榉头间被用来作为客厅;护厝尾2间用来储存和加工油料。

双3为单身老人,子女均在外成家并提供赡养费。卧室位于东角房;厨房、餐厅位于东护厝头2间,设门相通;客厅位于东下房;卫浴于储藏间(东护厝中部,户内尽端)内加建。

佑1户主目前单身,在附近打工。卧室位于西后房,西边房仅起通道之用;厨房位于西护厝内,护厝通道与佑2合用。

佑2由夫妇和孩子组成,丈夫在附近务工,妻子操持家务。卧室位于西边房,客厅位于西下房,厨房位于西护厝内,并将倒塌护厝房作为禽舍。因另有自建新房,大厝内房间使用频率较低。

佑3由老年夫妇组成,主要由子女供养,并打理少量农活。此户型内,夫妇卧室位于东上房及后上房内,分室而居;厨房及储藏间分别设在后轩及西侧后上房,将正厅作为餐厅使用;正厅除餐饮外,仍保留公共祭祀功能。

启1由夫妇、孩子和阿婆组成,丈夫在附近务工,妻子操持家务。夫妇卧室位于西下房,孩子与老人同住西上房;厨房设在榉头,并将部分厨房器具置于榉头口和天井临近处;客厅位于西角房,兼具餐厅功能。

启2由夫妇二人组成,丈夫外出务工,妻子操持家务。自护厝头依次为厨房、卧室、储藏间,厨房兼具餐厅功能。

启3由夫妇和孩子组成,丈夫、儿子均外出打工,妻子操持家务。夫妇卧室位于东上房,儿子房间于东边房;厨房在东护厝内,并兼具餐厅功能;护厝门被杂物堵死,由厨房向火巷开门。

彩1为老年夫妇,日常经营小卖部,并为游客提供导游服务。其卧室位于西角房;小卖部位于护厝头;没有独立的餐厨空间,而是与彩3合用。

彩2由夫妇和孩子组成,丈夫在附近务工,妻子在家操持家务,儿子长期在外打工。卧室位于西上房,夫妇分室而居;厨房位于后罩房内,并兼具餐厅功能;此外,在后院内自行修建浴室,由四户共同使用。

彩3长期外出,起居室、餐厅、厨房目前由彩1使用。

彩 4 由夫妇和孩子组成，夫妻共同外出务工。夫妇卧室位于东下房 2 间，分室而居；厨房位于西护厝内，与其他房间分离。

由以上信息可知，蔡氏古民居的单元构成有如下特征：

①基本户型由卧室、厨房、杂物间、公共空间等构成，功能涉及休憩、餐饮、会客、祭祀，空间集成度较高，多由单一动线串联各功能区域，如蔡 2、佑 3、启 2。扩展户型是在基本户型基础上补充客卧、独立起居室、客厅、餐厅、卫浴、作坊、禽舍等模块，以卧室、厨房为核心进行空间组织。后者通常有主次两个出入口，并对家人、家务及房客动线作出区分。

②卧室位置一般选择正房或护厝中部，与起居室、厨房及天井庭院直接相连，而与餐厅、作坊、储藏间等仅存可达关系；起居室、厨房等位置较为分散；厨房、餐厅关系以一体化和同一为主；卫生间多设于厨房内，以方便集中用水、排水（图 4-9）。

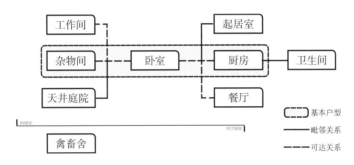

图 4-9　基本居住单元构成关系示意图

4.1.2 空间特质分析

1. 空间属性的再定义

（1）空间层级化

指受到现代生活方式的影响，传统民居建筑所呈现出由领域暧昧转向开放空间、私密空间、灰空间分级的现象。现代生活与旧有建筑形式之间的主要矛盾在于：在传统聚居的生活方式逐渐被小家庭、私密化所取代的背景下，如何去满足不同家庭的实际需求以及如何去处理各户型间的彼此关系。通过比较大厝的分户及使用情况，可以得出以下结论：以户为单位，私有、合用、公用空间划分明晰的生活组团代替旧有大厝，作为功能完备的最小居住单元；生活组团的产生，也使各户在满足基本需求的基础上，有能力根据自身情况进行模块增删、重组，而使传统民居建筑满足现代生活方式；官式大厝中，传统辅助空间布局方式的集中统一向现代式的均质、分散转变，并成为影响空间特质的重要因素。

（2）空间生活化

指打破旧有观念或建筑格局，将现代生活需求作为择户、择室的主要依据，使空间组织方式得以更新。官式大厝的建筑形式是择中思想、道器观念、伦理秩序等传统价值观的直接写照，在此情节下，位于中轴线上，以正厅为代表的厅堂空间成为组织、聚合家庭生活的主体，从而影响着其他空间的体量布局。然其作为处在现代生活方式下的居住建筑，既有格局和功能均与当前生活的需求存在着明显矛盾，需要根据现实情况做出适应性调整。在蔡氏古民居中，这种适应性调整主要体现在将辅助房间纳入择户考虑，不再严格遵循方位的旧制；传统厅堂空间被赋予部分生活功能和私有属性，而主体性减弱，甚至被小家庭的私密化核心取代（图4-10）；各空间功能不再与旧有建筑形式建立对应关系，而是依照面积、位置、采光、通风、用水便利等实际需求对其重新安排。

（3）空间复合化

指同一空间具有多重功能属性，或者同一行为发生在不同空间，而使之带有场所特质。空间意象和现象[1]并存所引发的复杂性和矛盾性，是现代建筑理论的基石。从行为学视角来看，空间发生的具体行为，而非其物理界限，才是理解场所特质的关键，这就使得民居建筑研究更加立体化与多样化。同现代住宅比较，官式大厝的内部空间复合，有如下特征：起居室、客厅等典型多功能空间在传统民居使用中，起着更为重要的作用（图4-11）；传统民居的交通空间，如前厅、护厝厅，因为适合容纳即兴的餐饮、待客、小憩等活动，而同样受到重视（图4-12）；餐厨卫浴等辅助空间一体化与同一现象较为明显。

2. 场所形成与动线组织

住宅研究通常关注三条主要的动线，即能够完整反映家庭生活的家人动线、家务动线和访客动线——在民居研究中，特别是现代生活方式下的民居使用中，对这三条主线相互关系的分析以及由此建立起的空间模型，将作为空间评价的

图 4-10　厅堂空间的生活化倾向照片

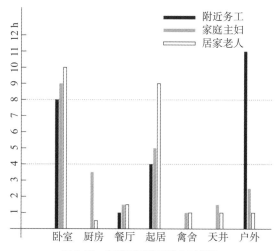

图 4-11　各类居民活动地点时间图

图 4-12　交通空间功能复合化倾向照片

1　舒尔茨认为正是借由相同或相近的文化背景、语言、血缘地缘关系，在经年累月的共同生活中人们生成了反映肉体行为的实用空间（pragmatic space）与反映场所具体化和结构化的存在空间（existential space）的两个不同层次的空间观念。

重要参考。

受本书篇幅所限，这里将主要讨论由空间组织方式造成的家人、访客动线二者关系

表 4-2　蔡氏古民居居住单元动线关系一览表

大厝名称	家庭编号	缩略图	动线关系	大厝名称	家庭编号	缩略图	动线关系
德梯厝	德1	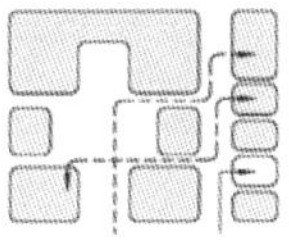	区别型	世佑厝	佑2		分离型
	德2		回避型		佑3		回避型
蔡浅别馆	蔡1	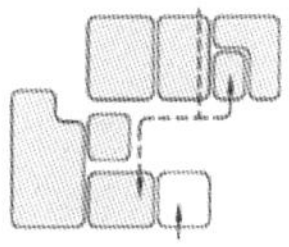	区别型	启昌厝	启1		分离型
	蔡2		通过型		启2		通过型
世双厝	双1	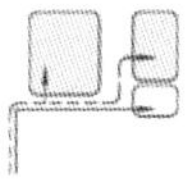	分离型		启3		区别型
	双2			彩楼厝	彩1		通过型
	双3		回避型		彩2		区别型
世佑厝	佑1		分离型		彩4		

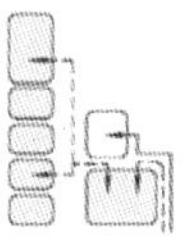

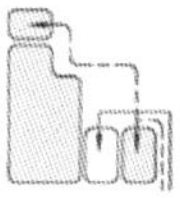

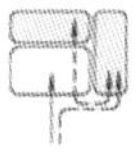

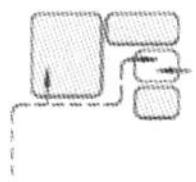

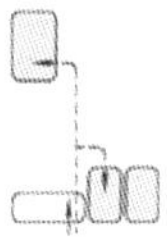

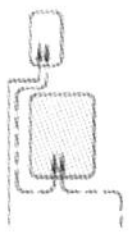

051

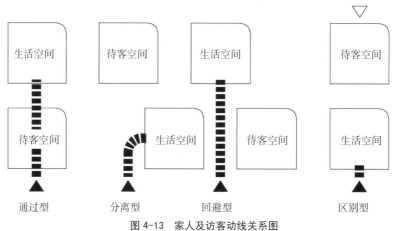

图 4-13　家人及访客动线关系图

的利弊与补偿办法。此次所调查的 17 户家庭的动线关系如表 4-2 所示。按他们主客动线的拓扑关系，以及功能间相互影响程度，其动线关系可大致分为通过型 [1]、分离型、回避型和区别型 4 类（图 4-13）。

（1）通过型

该户型不设独立客厅，而将这部分功能设在主入口处，此处复合化程度较高，家人动线也穿此而过，住宅私密性及访客会谈质量均会受到较多影响（图 4-14），如蔡 2、启 2 等 3 户。这种动线关系主要是由户型面积偏小及空间功能高度集成化所致。实际可以通过增设辅助出入口改善。

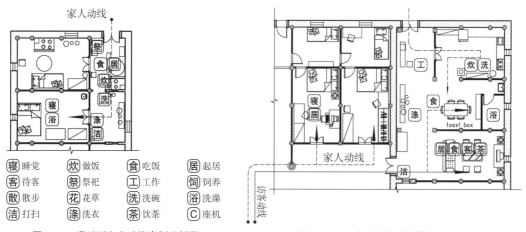

寝 睡觉	炊 做饭	食 吃饭	居 起居
客 待客	祭 祭祀	工 工作	饲 饲养
散 散步	花 花草	洗 洗碗	浴 洗澡
洁 打扫	涤 洗衣	茶 饮茶	C 座机

图 4-14　通过型主客动线案例分析图　　　　图 4-15　分离型主客动线案例分析图

（2）分离型

该户型将起居、待客部分远离入口，访客动线从私密空间（如卧室）前通过（图 4-15），如双 1、双 2 等 5 户。在这种户型内，访客动线经由的房间，其私密性易受影响；待客空间位置所直接引发的访客动线过长，以及两条动线的交叉可能性均是较为明显的弊端。住户一般采用遮蔽视线的方法解决弊端。

1　彩 3 长期外出，故不予考虑，将其餐厨空间根据实际使用情况，并入彩 1 户型进行研究。

（3）回避型

该户型多将起居、待客空间设置在入口处，但与通过型不同的是，该形式设有独立的接待空间，将家人、访客两条动线自待客空间处分离，从而能够较好地处理二者关系（图4-16），如德2、双3等3户。

（4）区别型

这种动线关系在大面积户型中体现得最为明显，是将家人、访客出入口及动线完全分离，或在同一出入口下将两个组团完全分开，如德1、蔡1等5户。就待客部分而言，或有其独立空间，或行使待客职能时屏蔽其他属性，以保证二者的互不干扰。

综上所述，产生这四种动线关系，最为直接的因素是户型大小。通过型、区别型与小型、大型单元各自对应，分离型和回避型则多见于中等大小的户型。与分离型比较，回避型显然更加符合现代家庭生活对私密性的要求，但通过调查可知前者情况居多。其中有一些分离型的案例可以通过简单的对调接待空间和卧室的位置来改善动线关系，如启1。因此，分离型背后的成因仍有待进一步研究。

图4-16 回避型主客动线案例分析图

4.1.3 结语

以蔡氏古民居为代表的官式大厝，在现代生活与文化背景下，即传统聚居的生活方式逐渐被小家庭、私密化所取代，旧有模块无法满足现代生活需求而做出了适应性调整。这些适应性调整主要反映在大厝内部空间的层级化、生活化和复合化，以及由此产生的四种主客动线关系上。本书将行为学引入民居研究，目的在于为日后的进一步研究和保护性设计方案的形成，提供充分的理论支持与现实依据，并为新住宅设计提供可循的参考依据，为地域建筑、地方文化的承传提供新的思路。

4.2 小家庭生活方式影响下的诒安堡传统民居平面布局研究

民居建筑是人们的居住生活方式、地方文化与地域环境完美融合而形成的生活空间。而国内既往民居研究一直不能超越居住建筑及其所处环境的局限，甚少将民居建筑的内涵扩大化研究，即将研究内容延伸到其居住生活方式的学问中去。本案旨在通过建筑类型学、社会文化人类学的观点与建筑计划学的方法对民居建筑生活方式进行研究。建筑类型学的观点认为：①类型是历史文化信息传递的媒介，类型学的思想是联系历史、文化传统与现实之间的纽带；②类型包括了发展和变化的内容；③类型是建筑的本质，是在人类文明化进程中发展形成的。阿尔多·罗西认为类型凝聚了人类最基本的生活方式，并在其著作《城市建筑学》中写道："一种特定的类型是一种生活方式与一种形式的结合……"。社会文化人类学综合了社会人类学与文化人类学中对于人类文化生活的观点，注重社会和文化生活的比较研究。建筑计划学则注重方法的实施，其调查方法的多样与全面，分析方法的多学科综合性与以往的研究方法相比具有明显的优势。

　　将诒安堡作为个案研究，不仅因为诒安堡是全国重点文物保护单位，更重要的是在于其在民居建筑中的历史地位与其所传承的独特的居住文化。诒安堡地处福建漳浦，地理位置与时局环境共同决定了漳浦海抱东南、内忧外患（内忧——宗族械斗；外患——倭寇与海贼入侵）的社会条件，由此，适合聚族而居的堡寨建筑的兴建也就应运而生了。据统计，漳浦县 200 多千米的海岸线上分布有 54 座堡寨，其中最负盛名的为湖西的"五里三城"，诒安堡就为其中之一。　诒安堡是在平原上选址建造的防御性聚落，与同一地理区域内倾向占据险要地势而建的土楼、土堡又有很大的不同。究其原因，这与诒安堡的建造者与居住者源自中原，倾向于在平地上建房以保证水源贯通、交通便利的居住文化有关。而随着社会条件的变迁，诒安堡传统民居的居住方式由大家庭居住分化为多个小家庭聚居的形式，因而本书的研究能从更本质的居住文化及社会历史条件的变迁中探讨建筑形式与意义之间的关系。

4.2.1 研究对象与案例挑选

　1. 研究对象

　　诒安堡位于漳浦湖西盆地中央，始建于康熙二十六年（1687 年），于 2001 年 7 月被

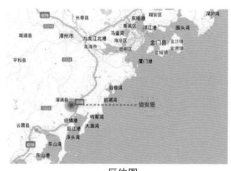
　　a. 区位图

　　　　　b. 总图

c. 全景图

图 4-17　诒安堡全景图及区位、总图

列为第五批全国重点文物保护单位。诒安堡建成之初为堡寨，设置了众多的防御措施，但随着社会、历史的变迁，防御建筑存在的社会、历史条件已不复存在，其防御性也随之消减。就目前现状而言，城墙内呈现自然村落的状态，生活气息浓厚（图4-17），本书着重关注堡内民居空间的使用方式。

堡内现有的建筑类型以居住建筑为主，辅以宗祠、庙宇等祭祀建筑；现有居住建筑127栋，其中无人居住的有45栋，其他82栋建筑目前仍有居民居住[1]。居住建筑形制多为闽南传统大厝，辅以大厝民居的变体[2]。建筑布局与内部各个空间的命名，以五间张双护厝为例[3]，见图4-18。

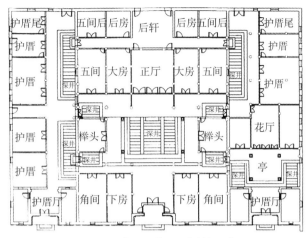

图4-18　五间张双护厝（泉州杨阿苗）

2. 案例挑选

首先，对诒安堡现有的居住建筑进行全面的基础性调查，根据其居住形式的不同可分为一栋一户与一栋多户两种类型，其中一栋一户存在3种居住类型：祖孙两代居住——承福堂；核心居住——东门民居；一人独居——华侨住宅。一栋多户亦存在3种居住类型：三代居住——六壁屋；混合居住——八壁厝；无亲属关系的合住——西官厅（图4-19）。

其次，依据居住实态调查对于案例定位的需求（图4-20）[4]，利用普查的基础资料将各个案例依照其

❖ 合住（无亲属关系）　➡　西官厅
❖ 几世同堂　➡　六壁屋
❖ 混合型居住　➡　八壁厝
❖ 祖孙居　➡　承福堂
❖ 一人独居　➡　华侨住宅
❖ 核心家庭　➡　东门入口民居

图4-19　居住形式案例

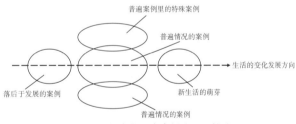

图4-20　居住实态调查案例位置（抄绘）

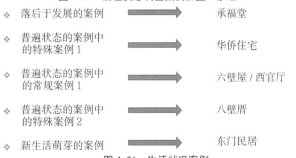

❖ 落后于发展的案例　➡　承福堂
❖ 普遍状态的案例中的特殊案例1　➡　华侨住宅
❖ 普遍状态的案例中的常规案例1　➡　六壁屋／西官厅
❖ 普遍状态的案例中的特殊案例2　➡　八壁厝
❖ 新生活萌芽的案例　➡　东门民居

图4-21　生活状况案例

1　此数据为笔者调研时诒安堡内的居住建筑使用现状，调查时间为2011年7月。

2　大厝民居的变体一部分指归国华侨修建的自宅，受传统大厝和旅居地民居双重影响的民居形式；一部分指后期加建的大厝，受到现代生活方式影响而形成的非传统的大厝民居形式。

3　下文涉及大厝房间名称时，以图4-18所示的各个房间命名为依据。

4　此处居住实态调查的案例定位需求指依据研究内容的不同，将案例库中的全部案例进行分类，并分别对其进行定位、归类，确保所选案例能代表所有案例；具体参看赵冠谦、林建平编著的《居住模式与跨世纪住宅设计》。

表 4-3 案例位置挑选依据表

案例挑选依据		特点		挑选案例
少数落后于发展的案例		家庭经济来源以纯农业生产为主；生活水平较低		承福堂
普遍状态的案例	特殊案例	经济来源多样，职业多样；生活水平居于普遍水平	退休老人，一人独居	华侨住宅
	常规案例		三代居	六壁屋
			普通合住形式	西官厅
	特殊案例		混合居住形式	八壁厝
新生活萌芽的案例		职业现代化		东门民居

生活状态进行定位与分类（图 4-21），即少数落后于发展的案例——承福堂。代表堡内生活状态普遍水平的案例，其中又有特殊案例与常规案例之分。结合居住形式作为评定要素，特殊案例为一人独居的华侨住宅与混合居住的八壁厝；常规案例为大家庭合住的六壁屋与无亲属关系合住的西官厅；新生活萌芽的案例——东门民居。

最后，综合两种依据，确定本案的调研对象，结果如表 4-3 所示。

4.2.2 平面布局研究

1. 分户规律

分户规律的研究，主要指多户共同居住的案例中以户为单位的居住单元位置分布的规律。挑选案例中有 3 例为共同居住的形式，它们是八壁厝、西官厅和六壁屋。

八壁厝为近亲与远亲混合居住的形式，居住家庭关系见图 4-22。现有的分户情况如图 4-23 所示：第一进院落为 3 户，分别是母亲（八 A¹）、大儿子（八 B）与六儿子家庭（八 C）；母亲居于东侧，大儿子居于西侧，六儿子居于中间。第二进院落 6 户，西侧为另一支系母亲（八 F）与三儿子家庭（八 G），母亲居于西侧，三儿子家庭居中；东侧一户（八 D），与第一进院落各家庭系属同枝，为第一进中东侧家庭（八 A）的二儿子。第三进院落 2 户，西侧为第一进中东侧家庭（八 A）的八儿子（八 E），东侧为第二进院落东侧家庭（八 D）的二儿子（八 H）。

西官厅为非亲属合住形式，居住家庭关系见图 4-24。现有住户 4 户，其分户情况如图 4-25 所示：西侧护厝厅、护厝头与主厝的西上房、正厅的西侧为一户（西 A）；主厝东侧的上房与上大厅的东侧为一户（西 B）；东侧护厝现有两户（西 C 与西 D），以院落为中心，占据院落所对应的护厝厅与护厝房为主要使用房间，庭院中搭建的房间为厨房、储藏等辅助用房。

六壁屋为近亲合住形式，由父母与子女家庭组成，各小家庭独用卧室与厨房，其他生活用房合用，如起居室、卫生间与浴室居住家庭关系见图 4-26。分户情况如图 4-27 所示：

1　家庭编号，前者为挑选案例的建筑简称，后者为家庭代号；家庭代号先后次序无特定规律，如八 A 为八壁厝第一户，西 A 为西官厅的第一户；后文所述各户均以家庭编号代替。

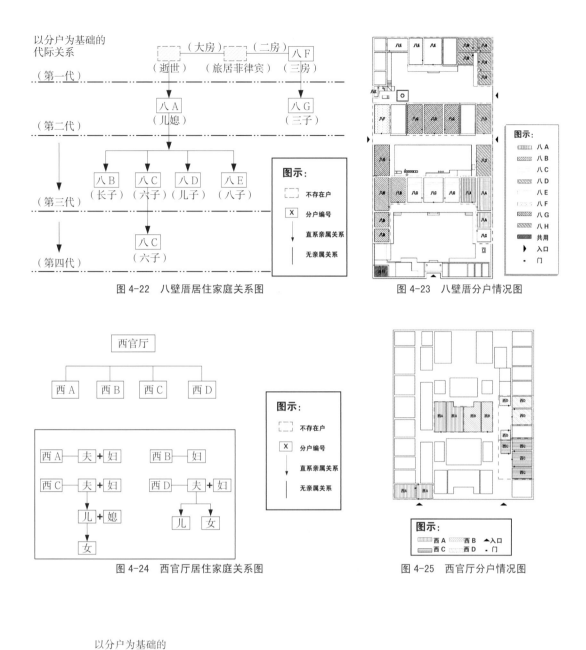

图 4-22 八壁厝居住家庭关系图

图 4-23 八壁厝分户情况图

图 4-24 西官厅居住家庭关系图

图 4-25 西官厅分户情况图

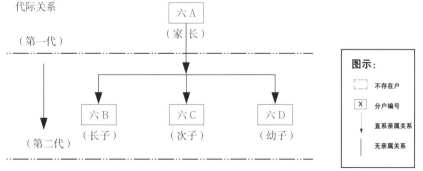

图 4-26 六壁屋居住家庭关系图

主厝两户，为父母家庭（六A）与幼子家庭（六D），其合用厨房与餐厅，卧室相邻但各自有独立的出入口；护厝（亦称护屋）两户，护厝首为二子家庭（六C），护厝尾为长子家庭（六B）。

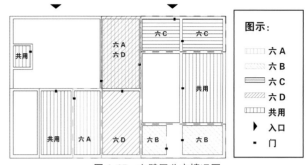

图4-27 六壁屋分户情况图

诒安堡传统民居的分户规律大致可分为两种：一种为政府分配，如西官厅；一种为宗法伦理分配，如六壁屋和八壁厝。

政府分配关系，主要强调公平原则，分户面积和房间数尽量均等。政府分配好各户之后，由屋主抽签决定其所分配到的户型（此处指房间数与房间位置）。此后，屋主享有房屋使用权和主权。

宗法伦理分配关系，注重礼制，房间分配具有严格的长幼尊卑区别。宗法伦理之制源于昭穆，左为昭，右为穆；父为昭，子为穆。在递进方位上，以东为左，以东为上。闽南一带在住房分配上严格按照左（东）为上，右（西）为下的原则[1]。调查案例也沿用了此种分配方式，反映了诒安堡作为外姓堡寨聚落聚居到闽南地域范围后，建筑形制受到闽南传统习俗与宗法、禁忌的影响。子女与父母在住房分配上：父母优于子女居于主厝，如六A；同住主厝时父母居于左（东），如八A，长子居于右（西），如八B，其他兄弟依此左右次序分配用房。家中的同辈男孩子按照长幼次序分配房间：主厝用房分配兄长居于上房，弟幼居于下房；护厝则按长幼次序自护厝尾进行分配（如六B、六C），亦是源自上为尊的方位理念。亦有在房间数限制的情况下，幼子分房就近父母（六A、六D）的情况。此种分房制度体现在家庭分户形式上为：当小家庭独立时，由初始所分的房间辅以就近的用房，共同组成小家庭的使用单元。在后期的使用过程中，因部分家庭搬离而导致房间重新分配的情况也很常见，此时房间分配主要考虑到各个小家庭的需要和使用便利，现实需要和便利性超越了旧制的伦理分配。

2. 入口选择与流线

八壁厝三进共有4个出入口，其中南侧出入口为第一进院门，面向堡内主要交通要道；东侧出入口面向戏台，戏台周围为堡内空地，为堡内居民聚集之所；西侧出入口面向民宅，建筑间距仅为一个过道宽度。第一进3户共用同一出入口，主要流线在院落中分流，各自使用自家宅前的灰空间和庭院空间作为交通空间；第二进八F、八G共用左侧出入口，八D单独使用右侧出入口，主要流线在各自宅前的灰空间中分流；第三进2户共用同一出入口，主要流线选择与第一进相同。具体如图4-28所示。

西官厅共有4个出入口，常用的出入口为南侧两个。北侧因住户搬离而致使房间闲置，因而出入口亦不常用，仅用作堡内其他居民串门时穿行的通道。南侧为现有住户的生活区域，且南侧出入口正对诒安堡南门与南广场。西A家庭独立使用左侧出入口，且因左侧仅此一户，流线亦不存在交叉问题；西B、西C、西D共同使用右侧出入口，主要流线

1　王其钧. 宗法、经济、习俗对民居性质的影响 [J]. 建筑学报，1996（10）：57.

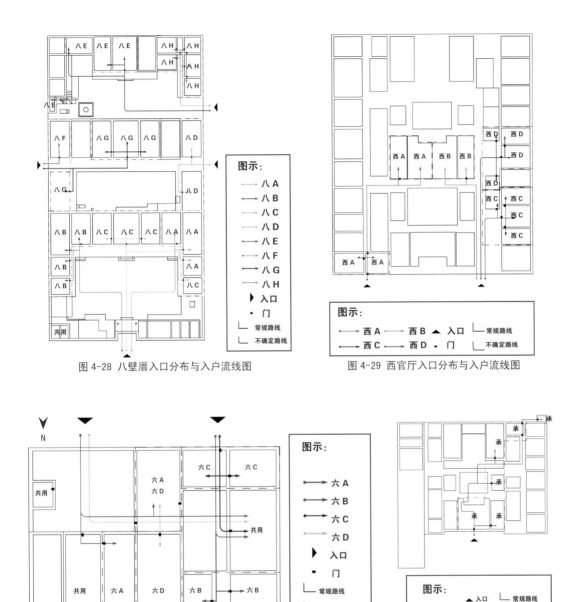

图 4-28 八壁厝入口分布与入户流线图

图 4-29 西官厅入口分布与入户流线图

图 4-30 六壁屋入口分布与入户流线图

图 4-31 承福堂入口分布与入户流线图

在庭院中分流。具体如图 4-29 所示。

六壁屋共有 3 个出入口，常用南侧两个出入口；南侧出入口正对道路为堡内主要交通要道；北侧出入口面向民宅，仅留过道间距。六 A、六 D 使用主厝出入口，主要流线有交叉现象，进入其中功能用房需从其他功能用房中穿行；六 B、六 C 使用护厝南向出入口，流线同样存在交叉现象，其部分功能空间需担负交通职能。护厝北向出入口不常使用，长期为关闭状态。具体如图 4-30 所示。

承福堂共有 7 个出入口，现仅存 1 户，可供户主使用的出入口有两个，分别为北侧西护厝厅出入口与南侧正门，常用主厝正门。南侧前埕宽敞，为堡内主要交通要道，因

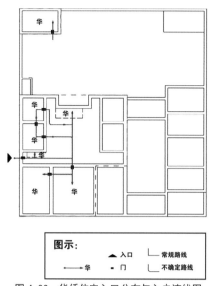

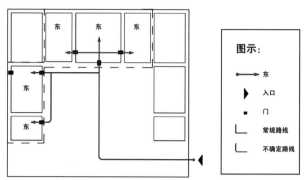

图 4-32　华侨住宅入口分布与入户流线图　　　　　图 4-33　东门民居入口分布与入户流线

而较为常用；北侧为邻里过道，因而较少使用。具体如图 4-31 所示。

华侨住宅有 2 个出入口，常用出入口为东侧偏门，正门设在庭院外墙西侧，但较少使用。户主生活区域集中在东侧，且屋主为独身老人，此两者决定了户主选择东侧正对民宅的偏门作为主要出入口而非西侧庭院正门。具体如图 4-32 所示。

东门民居有 2 个出入口，常用出入口为庭院出入口，正对诒安堡东门；偏门正对民宅且间距较小，因其使用不便而常为封闭状态。具体如图 4-33 所示。

诒安堡的居住单元在入口与流线的选择上存在如下特征：

①在有多个出入口可供选择时，其选择与分户相关，即与小家庭居住单元所在的位置相关。此种现象在各案例中均可得到验证，如八 D、八 F、西 A、西 B、西 C、六 A、六 C、六 D、承、华等案例。

②多户合住时，入口选择与亲疏关系密切相关。如八壁厝第二进中，八 F、八 G 属近亲，为三房支系，共用同一入口；其二者与八 D 属远亲，八 D 属大房支系，因而独用出入口。同样，在第三进中，八 E 与八 H 共用同一出入口，并未在左侧另辟出入口也同样说明了入口选择与亲疏关系相关。同样，西 B、西 C 与西 D 三家因邻里关系良好而共用同一出入口也可以说明。

③入口选择有交通便利、面向公共场所的倾向性。如八壁厝东侧为戏台，戏台周围为堡内的空地，交通面积充足且戏台作为公共场所，有聚集人群的作用，因而东侧设两个出入口；西侧紧邻其他居住建筑，交通面积小，仅设单一出入口。西官厅两个常用出入口均在南向，南面为诒安堡南门且南门广场为堡内居民饭后休闲散步的重要场所。六壁屋共有 3 个出入口，南向两个常用，因其正对东门入堡内的重要交通要道。承福堂正门正对堡内月眉池，前埕宽敞，且作为堡内主要交通要道的组成部分。东门民居正门正对诒安堡东门，其交通便利性与另一出入口相比占据绝对优势。

3. 居住单元平面特征

使用者对居住单元内各房间的功能分配以及各功能空间的位置关系，决定了各个房间的使用。户型特征的研究能从整体角度探索居住者对各个功能房间的使用倾向与重视度。对各使用房间的功能分配及其相关位置关系做基础调研，通过分析、整理，其结果见表4-4。

由表4-4可知，在功能分配上，起居室、卧室与厨房是各个居住单元必有的生活空间，且此三者一般独立成室；当房间数少于3时（3例），此三者存在功能复合，但仍然保持各自使用空间的独立性。当房间数大于3时（16例），部分辅助空间亦可独立成室；其中浴室[1]独立成室的数目最多（10例），其次为储藏室[2]（9例）、卫生间[3]（5例）、餐厅[4]（1例）。浴室独立成室数目最多的原因有三方面：一方面，浴室除专用的洗浴空间外，原始的解决洗浴的方式为在卧室内进行盆浴与擦洗，与其他三者相比无其他空间可供替代。储藏间因其非私密性与非专用性的特点，可与其他空间合用；卫生间虽私密性强，但堡内有公共卫生间可供使用；餐厅因其私密性最弱，可与其他空间（起居与厨房）合用。另一方面，浴室在技术处理上仅需考虑排水，与卫生间相比难度较小。再者其所承担生

表4-4　居住单元房间功能分配表

建筑	案例编号	图示	房间使用信息	案例编号	图示	房间使用信息
八壁厝	八A	居/餐 卫浴 寝 厨	卧室+卫浴；起居室+餐厅；厨房	八B	寝 居 餐 储	卧室；起居室+餐厅；厨房；储藏室
	八C	寝 居 餐 寝 厨	卧室2间；起居室+餐厅；厨房	八D	寝 居 厨 餐	卧室+起居；厨房+餐厅
	八E	厨 寝 居 浴	卧室；起居室+餐厅；厨房；浴室	八F	寝 居/餐 辅 厨	卧室+起居室+餐厅+辅助空间；厨房搭建于过道
	八G	寝 居 寝 厨 浴	卧室2间；起居室+餐厅；厨房+浴室	八H	卫浴 交 寝 厨 居 餐	卧室；起居室；厨房；餐厅；卫浴一体室

1　此处的浴室指用于洗浴的空间，包括单一的浴室空间，亦包括集洗浴功能为一体的现代化卫浴空间；计数为10例，其中六壁屋四户共用同一浴室，亦算作4例。

2　此处的储藏室指主要用于储藏的功能空间，包括闲置的储藏用房、搭建成室的储藏用房、与祭祀空间合用的祖屋及起到过厅作用的储藏空间。

3　此处的卫生间指有排污等措施的解决便溺问题的空间；此处计数为5例，其中八A、八B与八C共用一卫生间，计数为3例。

4　此处的餐厅指专用的就餐用房；仅有案例八H，其他各居住单元中餐厅仅有餐桌围合的就餐空间，或附属于起居室内，或附属于厨房，亦有置于走道上的。

建筑	案例编号	图示	房间使用信息	案例编号	图示	房间使用信息
西官厅	西 A		卧室； 卧室＋起居； 厨房＋餐厅＋厨房； 储藏室；祖堂祭祀	西 B		卧室＋起居＋餐厅＋辅助空间； 厨房另行搭建
	西 C		卧室两间； 起居室＋餐厅； 厨房	西 D		卧室； 起居室＋餐厅＋厨房； 储藏两间
六壁屋	六 A		卧室独用； 厨房＋餐厅，与幼子合用； 其他空间全家合用	六 B		卧室独用； 厨房＋餐厅； 其他空间全家合用
	六 C		卧室独用； 厨房＋餐厅； 其他空间全家合用	六 D		卧室独用； 厨房＋餐厅，与父母合用； 其他空间全家合用
承福堂	承		卧室； 卧室＋起居室； 浴室； 储藏室； 交通厅			
华侨住宅	华		卧室； 起居室； 厨房与餐厅均位于灰空间；卫浴一体室；储藏室两间	图示及作图说明，图表中细实线框代表墙体；细虚线框代表空间领域，即利用家具围合形成领域的空间；"寝"代表卧室；"居"代表起居室；"厨"代表厨房；"餐"代表餐厅；"浴"代表浴室；"卫浴"代表卫浴一体室；"储"代表储藏室；"祭"代表祖屋祭祀空间；"辅"代表不能明确定义的辅助生活空间；"交"代表作为交通空间使用的厅室；"专"代表具有特殊用途的专用空间		
东门民居	东		卧室； 起居室； 辅导教室； 厨房＋餐厅； 储藏室			

活行为的必需性与私密性也在一定程度上影响了其成为数目最多的辅助用房。储藏间数目较多的原因除上文所述的功能特性外，堡内空闲用房增多也是一方面的原因。卫生间虽有独立成室的需求，但在不改变大厝原貌的条件下，对处理技术有较高要求，且公共卫生间的代偿性也在一定程度上缓解了其独立成室的需求。餐厅独立成室的数目最少，一方面受传统生活方式的影响致使居民对就餐场所的要求较随意，另一方面受到现代居室中餐厅结合起居室布局的影响。

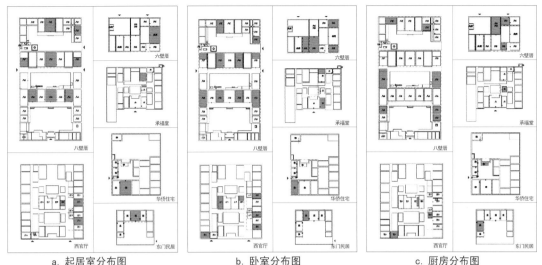

| a. 起居室分布图 | b. 卧室分布图 | c. 厨房分布图 |

图 4-34　起居室、卧室、厨房功能空间的位置分布

起居室、卧室与厨房为居住单元共有的生活空间，且多为独立空间，其分布位置有规律可循；而其他功能空间仅在有条件的情况下独立存在，其分布位置较无规律。因而本书对前者在平面布局中的位置分布情况做了调研，分析结果如图 4-34 所示。

由图 4-34 可知，在位置选择上，起居室多分布在方便与外界直接联系的房间，开放性最强，此种情况有 12 例，占据调研案例（共 16 例[1]）的 75%。卧室多分布在与外界无直接联系的房间，与其他空间（起居

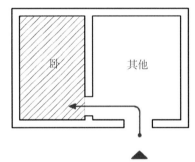

图 4-35　卧室位置与组织方式

室 12 例、厨房 3 例、祖堂 1 例）形成穿套布局（图 4-35），私密性最强，此种情况有 17 例，占据调研案例（共 24 例[2]）的 70.8%。此种穿套布局造成了进入卧室空间必须穿越其他房间，且在共用的出入口附近形成一个虚拟的交通空间。厨房一般选择直接面向庭院或者与庭院就近的位置，排水与炊事操作的便利性最强；其他不直接面向庭院的案例有 1 例（西 D），此户将厨房功能转移至起居室内的餐桌上，利用占地少且易于收纳的电磁炉作为炊具，厨房仅作为临时设置。原因在于西 D 家庭处于旧宅破旧不堪、新宅在建期，此种方式仅为家庭过渡期的应对措施。

由上文可知，诒安堡传统民居所反映的居住单元平面特征如下：

①功能分配规律。基本居住单元必有卧室、起居室和厨房，这一部分居住单元基本上为独立空间；其他生活功能空间如卫生间、浴室、餐厅、储藏间等仅在有条件的情况下独立存在。但就各户的功能分配情况而言，浴室为最常见的、独立成室的辅助空间，其次为储藏室、卫生间、餐厅。究其原因可知，一方面，其他空间可借助其他共用空间做代偿，只有浴室空间不可代偿，因而对独立成室的需求最显著；另一方面，浴室空间

1　调研案例共有 19 例，但六壁屋 4 户共用起居室，由此造成起居室的案例数为 16 例。

2　调研案例共有 19 例，部分家庭有两间卧室，由此造成卧室的案例数为 24 例。

的生活行为必需性、高私密性与处理技术低难度性亦决定其需要独立成室。

②位置分布规律。起居室多在厅的位置，有门直接开向室外或者正对庭院；卧室多与其他空间就近穿套布局；厨房多位于榉头和入口位置，或者在庭院边界处搭建，其位置特征最大的特点为大部分直接面向庭院；餐厅大多数与起居室结合，亦有少数位于厨房内缺少独立餐厅（1例）；浴室多加建在庭院内，方便取水与排水，未加建者在卧室内盆浴；卫生间亦加建在庭院内，但为数不多；储藏功能多散布于各个相关的功能空间内，大件储存则多与祖屋的祭祀功能相结合。

4.2.3 总结

诒安堡民居建筑平面布局存在如下规律：

①分户规律有政府分配与宗法伦理分配两种，其中以后者为主；同时在后期的使用中逐渐体现出以实际需要与使用便利的实用性为主要考虑要素。

②入口与流线选择主要与分户、亲疏关系、交通便利及面向公共场所的倾向性相关。

③居住单元平面特征主要有功能分配及位置分布两种。表现在功能分配上的特征为：以确定主要生活空间为先，即起居室、卧室与厨房；尚有其他空间剩余的情况下依据生活需求考虑其他用房分配；且辅助用房独立成室的需求具有随着其他功能代偿而减弱的特征。表现在位置分布上的特征为：起居室位于直接与外界联系的位置，注重待客的便利性与对外的开放性；卧室多与其他空间（起居、厨房、祖堂）相邻穿套布局，注重私密性；厨房多直接面向庭院，注重排水及炊事操作的便利性。

④居住形式呈现食寝分离的特点。纵观各居住单元的功能分配可发现，厨房与卧室存在绝对的分离现象；即使是仅有一间用房的老年人家庭，炊事行为也从仅有的房间中分离出去。此种现象代表着堡内居民对洁污分离的重视程度高于其他功能区域的划分。

⑤居住需求呈现年龄分化的特点。年轻家庭有追求居室空间独立化的倾向，老年人家庭则倾向于居室空间的复合化，此种倾向与使用人群的自身特点与居住意识有关。年轻家庭因生活内容丰富、人际交往频繁而要求各个空间各行其是，追求使用的舒适；而老年人因其行动不便、访客不多、生活简单而要求各种行为的集中，追求使用的便利。

参考文献

[1] 阿尔多·罗西. 城市建筑学 [M]. 北京：中国建筑工业出版社，2006.

[2] 曹春平. 闽南传统民居 [M]. 厦门：厦门大学出版社，2006.

[3] 赵冠谦，林建平. 居住模式与跨世纪住宅设计 [M]. 北京：中国建筑工业出版社，1995.

[4] 王其钧. 宗法、经济、习俗对民居性质的影响 [J]. 建筑学报，1996（10）：57.

[5] 费迎庆，秦乐，郭锐. 蔡氏古民居的居住方式及其再利用研究 [J]. 南方建筑，2011（1）：44.

图表来源：

本章测绘图来自作者指导的华侨大学建筑学院 2006 级本科古建测绘成果，分析图由作者自绘，实景照片由作者实地拍摄。

第五章

子课题调查分析
与主题生成

第五章 子课题调查分析与主题生成

5.1 有轨电车复兴内港岸线

学生：黄义雄 苏婉婷　　　指导老师：郑剑艺

本次规划设计范围为澳门内港码头沙梨头及十六浦区一带，北至水上街市，南至十六浦赌场。

澳门由一个半岛（澳门半岛）和两个离岛（幽仔岛和路环岛）组成，海岸线较长，形成内外两个港口，外港在澳门半岛的东南部沿岸，可以通往海洋；内港在半岛的西部沿岸，与香山湾仔相对。澳门港阔水浅，特别是内港风平浪静，是适合帆船停泊的天然良港，这使澳门港在历史上成为远东大商港之一，在国际贸易体系中具有不可替代的地位（图 5-1）。

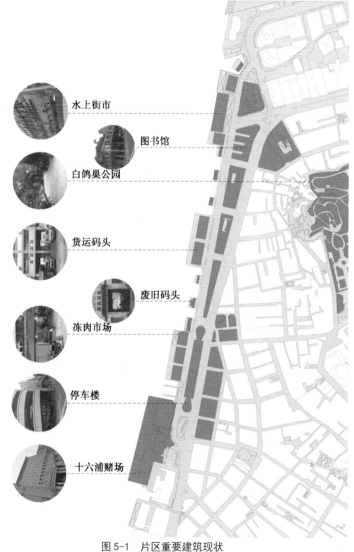

水上街市

图书馆

白鸽巢公园

货运码头

废旧码头

冻肉市场

停车楼

十六浦赌场

图 5-1　片区重要建筑现状

澳门在明代是珠江口外的一个泊口，作为外国商船过往的临时停泊处。直至嘉靖十四年（公元 1535 年），澳门的地位才发生转变。长期以来，澳门港虽然经济曾相当繁荣，但它一直是中国主权之下的特殊港口，从开埠至衰落，澳门港一直没有形成一个相对独立的经济体系，因此，易受中国经济状况及政策的影响，以及国际政治格局及经济形势变化的制约，加之本身港口泥沙淤积，19 世纪澳门的衰落是历史的必然。

沙梨头，在澳门半岛东部，指环绕白鸽巢公园东、西、北三面的地段。相当于沙梨头街（又名"石墙街"）、沙梨头巷、沙梨头斜巷、沙梨头口巷、麻子街一带。原来是个古老的渔村，背靠凤凰山（白鸽巢的古名），前临濠江，街道狭小。

沙梨头街市位于澳门爹美刁施拿地马路，因地处沙梨头区，故名；又因位于海边，建在水面上，也被称为"水上街市"。1975 年建成，1976 年 4 月启用。楼高两层，面积 1 750 ㎡，可容纳 300 多个摊档，售卖鱼类、肉类、瓜菜、生果及海味杂货等，环境整洁。它的前身为南京街市，现南京街市原址上建有工人康乐馆。迁市的原因是人口增加，原街市不敷应用，以致许多摊档设在邻近街道上，影响卫生及交通。政府兴建沙梨头街市，使这些问题得到了解决。

5.1.1 内港片区交通现状研究

交通拥塞几乎是城市现代化进程的必经阶段，澳门也不例外。为满足近年急增的私人车辆需求，过去的假设是以增加交通设施作疏导，这也是不少城市应对车辆增长的政策思路。原来的政策设想是通过下列方法以减少路面拥塞，包括：①增建行车天桥和隧道；②拓阔道路和扩大路网；③增加停车场以减少路旁泊位。然而，无论是澳门抑或其他城市，实际结果都与设想的预期相反。增建各类交通设施减少了路面拥塞→行车效率改善诱发新一轮车辆增长→车辆增加又再次令交通拥塞。这种疏通→增长→拥塞，再疏通→再增长→再拥塞的恶性循环在过去十多年间正不断困扰着澳门。不断增加交通设施的做法，不仅无法疏通道路拥塞，反而令车辆成了路的主人，而行人道的路面没有跟随人口及城市的发展而扩宽。公交运输路权被削弱，中心城区的公交专道没有跟随增长的公交需求设立。

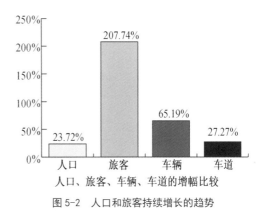

图 5-2　人口和旅客持续增长的趋势

人口和旅客持续增长的趋势，将无可避免推动车辆需求。与其他社会因素同步，以按年递增 5.1% 的速度，由 11.3 万辆增加至今 18.7 万辆，总增幅达 65.49%（图 5-2）。若参考过去的增长率，车辆至 2020 年将有可能超逾 32 万辆。受土地资源限制，尽管相关部门已作出努力，但行车道路在过去十年间仅有 27.27% 的增长率，虽然将有三百多公顷的新城填海区，但综合整个城区作考虑，现时道路增长的空间仍无法满足车辆增长的速度。

内港片区位于城市主干道上，繁忙时段会异常堵塞，主干道旁的道路规划亦较差，难以缓解交通堵塞情况，承载力不足的道路本已挤满了通勤的车辆，但停车空间的缺乏又为道路带来新的负担。虽然位处城市干道，但道路却与小区空间脱裂，道路的繁荣除了影响街道质量外，并不能为小区带来活力。

1. 主干道拥堵问题

内港片区道路拥堵，主要是由于妈阁至关闸方向城市主要干道缺少有效的可替代道路，另车道承载力有限（图 5-3），因此在繁忙时段越加堵塞，虽然近日推出的交通专道已对繁忙时段的交通有所改善，但公交承载力始终有限，不少居民反映公交难上的问题；与此同时，街道空间质量亦难因此举措而提升。

2. 停车问题

片区内缺少停车空间（图 5-4、图 5-5）。老城区的建筑大多没有地下停车空间，而区内的公共停车也只有柏港停车场，所提供的车位并不能满足片区的停车需求，因此道路两侧划出了不少停车空间，令本已不堪负荷的车道更为狭窄，停车位同时也割断了商

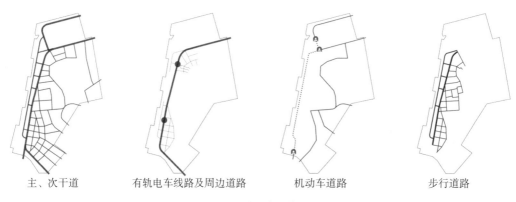

主、次干道　　　有轨电车线路及周边道路　　　机动车道路　　　步行道路

图 5-3　内港片区道路系统

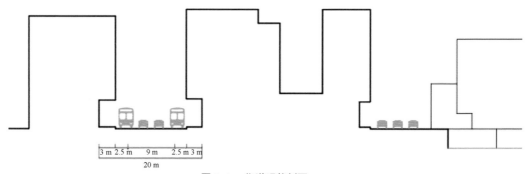

3 m　2.5 m　　9 m　　2.5 m　3 m
20 m

图 5-4　街道现状剖面一

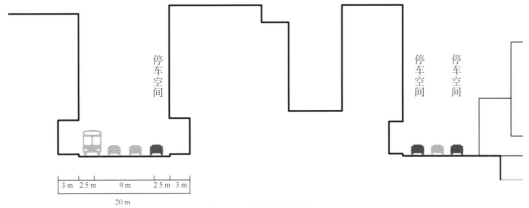

停车空间　　　　停车空间　停车空间

3 m　2.5 m　9 m　2.5 m　3 m

20 m

图 5-5　街道现状剖面二

户与道路的联系，街道空间的质量因此下降。

3. 街道品质现况

内港片区虽然历史悠久，但因渔业的没落，商业形态受限，小区已逐渐缺乏活力；另外拥堵的交通更是雪上加霜，令本来冷清的片区状态更差，行人空间被压缩至骑楼之下，而道路上则挤满车辆，道路空间与行人空间、小区空间被完全割裂，形成差劣的交通空间（图 5-6、图 5-7）。

图 5-6　拥挤的交通空间

图 5-7　街道状况

4. 澳门轻轨计划的实施及现状

轻轨系统是澳门首个轨道交通项目，为缓解日渐繁重的承载压力，期望通过结合巴士、的士和步行系统，整合成相辅相成、无缝连接的公交网络，吸引更多人使用公交出行，从而减少私人车辆，达到改善整体出行环境的目的。

澳门轻轨计划已经过去了十年的时间，轻轨路线规划也进行了几次不同的调整，现在规划的轻轨路线多位于城市外部较为宽阔的路段，而内港片区的路段因实施困难而暂时搁置（图 5-8）。

内港片区路段的规划实施困难主要是由于轻轨车型选择以及城区内建筑形态等因素所致，在其他路段已选用的轻轨车型是需要有独立路权的车型，通车路段两侧不能过人，也不能与其他车辆兼容，因此较适合地下车道架设等，而这需要较大的道路空间（图 5-9、图 5-10）。而不同于已预定建设的新城区规划，旧城区的建筑形态较为密集，③公交专

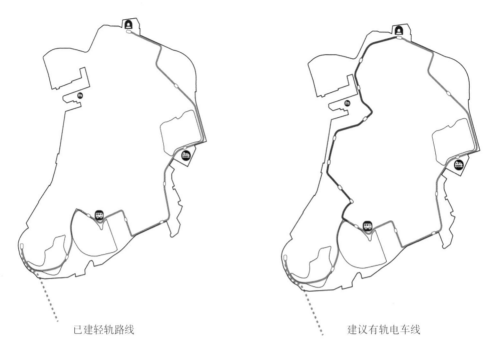

已建轻轨路线   建议有轨电车线

图 5-8 澳门轻轨线路示意图

图 5-9 有轨电车示意图   图 5-10 现存车道占据道路空间

道路较窄，因此很难在原有规划路段中放入同样车道，以致轻轨置入艰难。

5.1.2 SWOT 分析

优势：

①"申遗路线"附近：2005 年澳门"历史城区"申遗成功，此后，大三巴申遗路线作为外地游客必来的热门景点带动了大三巴片区的经济活力。我们基地选址在大三巴区临近的沙梨头区，是澳门极具特色的历史城区，连同大三巴旅游区共同形成历史文化热门景区。

②城市滨海步道：可结合沿海街道的码头，延展出一条更具城市型活力的海滨步道，吸引澳门本地居民来此休闲娱乐，带动片区经济活力。

道以及城市主干道：由于内港历史填海的原因，现有一条城市主干道从妈阁庙一直连通到水上街市，使得内港片区的交通便捷，为今后内港片区的发展提供了重要的交通基础。

④丰富的海洋资源：内港因拥有丰富的海洋资源，曾经从小渔村发展成远东第一大商港，而现在的海洋资源仍可成为内港新发展的一大重要助力。

⑤历史码头及老城区：由于此处历史悠久，房屋保存较为完好，需要政府采取适当的历史城区保护措施，以保留澳门原有的文化底蕴。

⑥相对较低的地价：由于此处社区基础设施差等一系列因素，导致大部分青年人搬离，居住者大部分为老人，社区活力差，使其地价偏低。重整社区居住条件，通过吸引青年人返回居住，进而带动社区活力。

机遇：

①有潜力改造成澳门历史文化景点及滨海景点：内港片区拥有历史城区和滨海景观两大亮点，使之有巨大潜力改造成为城市热门景点。

②为内港区域经济发展带来新机遇：改造滨海区必然会带动多种类型的商业植入，以此来带动内港区域经济的发展。

③政府未来轻轨规划路线：当初政府规划的轻轨路线中包含了内港区城市主干道，由于实施困难较大，此段轻轨项目被迫搁置，但仍能看出政府对内港区域极为重视，只是受限无力为之。如果成功引入其他新型城市公共交通，必定会使得内港区发展迅速，社区活力迅速提升。

④码头货运、渔业转型带动其他城市产业兴起：内港片区原本的货运业与渔业都已衰退，要将其进行业态转型势必会带动区域内其他城市产业的兴起。居民楼的底层商业是片区内重要的商业元素之一，底层商业因此将进行业态全面更新，原有的城市型商业，如五金、建筑、地产等都将被社区型商业所替代。

⑤为社区吸引更多年轻人：目前的内港社区缺乏活力，年轻人外走他处，只留下不舍离开的老人。可以通过创造新型活力社区来吸引更多的年轻人回来，进而提高社区活力。

劣势：

①区域经济活力缺乏：内港片区商业形式多为居民楼底层商业，而经济活力缺乏，因为底层商业多为城市型商业，且生意并不景气，大多数店面都已倒闭关门。

②滨海景观差：海岸线原本较多为工业码头，导致滨海景观差。再者，由于防洪需要，滨海步道外被加建了高墙，阻隔了滨海景观。

③岸线防洪功能不完善：内港海岸线虽有加高，能阻挡洪水涨潮，但由于区域内外高内低的地势特点，导致常常发生区域内涝，并未得到很好的解决。

④区域公共设施缺乏：内港区域内社区公共设施严重缺乏，如公共开放活动空间、社区交流场所、医疗护理场所等。

问题：

①联排居民楼阻隔滨海景观：区域内城市主干道旁有一长条联排居民楼，严重地阻隔了社区与滨海景观的联系，使社区居民无法很好利用滨海景观面。

②气候事件给海岸地区带来的威胁：内港地区常年面临自然灾难威胁，容易发生洪水、内涝的问题，对此，在改善滨海环境的同时须注意如何抵抗气候事件给海岸地区带来的威胁。

总结：

根据 SWOT 分析，我们能更加直观地了解认识规划区域内的整体情况，更加容易掌控城市规划的大局观。我们将有针对性地合理利用基地内现有的资源与机遇，面对缺陷与问题我们也要想办法克服，这样才能完成一套有系统性的城市规划（图 5-11）。

5.1.3 引入有轨电车

内港片区交通问题严重，如要解决交通拥堵，则要重新置入新的车型，这样不但利于轨道交通置入，亦能改善街道空间质量。

在老城区中置入轨道交通的要点是亲民性以及可达性，不同于新城区的轨道交通规划，老城区的道路空间并不宽裕，难以提供足够的空间架设空中车道，因老城区过近的楼距，这会对底层商户及住户造成很大的采光缺陷以及缺少隐私等问题；同时，独立路权的设立会给已经紧张的道路资源加重负担，包括架空公交站的设立也会占用大量空间。相对而言，选择在老城区换用有轨电车更符合片区需求，在尺度上有轨电车也更亲民，公交站点可直接设于路旁，可达性高，且共享路权也有助于街道空间质量的建设，有利

图 5-11　SWOT 分析示意图

于商业活动的更新，造价也会降低（图 5-12）。

在确定置入有轨电车后，电道的置入位置问题也尤为重要，在内港路段中我们考虑了 8 种在内街以及外街设立车道的优劣因素包括可达性、街道及生活质量、建造扰民度、滨水景观等，然后分析认为在内街建设地上车道更具效率，以及对改善街道质量、连接滨水内陆区意义较为重大（图 5-13）。

5.1.4 基于有轨电车改善内港岸线

研究决定通过城市规划的设计方法以改善内港片区的街道空间品质，采用以下方式：
①步行社区 —— 引入有轨电车，机动车道下沉，街道剖面形成层次；
②滨水空间 —— 植入社区所需公共空间，引入社区活力；
③底层商业 —— 更新替换底层业态，区域经济复苏。

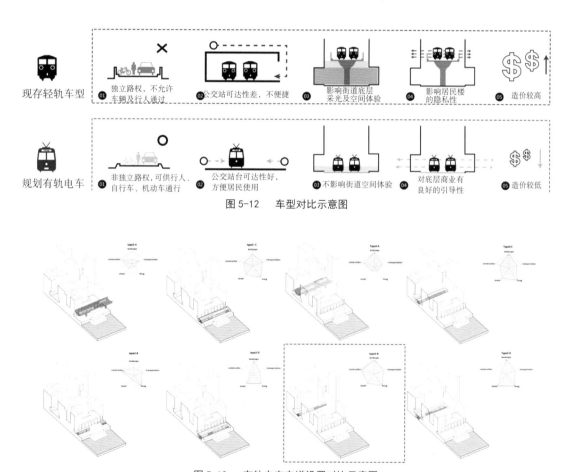

图 5-12　车型对比示意图

图 5-13　有轨电车车道设置对比示意图

5.2 大三巴景点向景区的蜕变

学生：杨晨 周晓宇　　　　指导老师：郑剑艺

5.2.1 大三巴片区基本状况分析

澳门，尤其是澳门半岛，经过四百多年的历史演变，小街窄巷纵横交错，形成以教堂为中心的，商住和旅游功能高度集中的城市特征，具备南欧风情的写意休闲城市肌理。这里既有丰富的历史文化遗产，也有多姿多彩的小区生活，有不同文化特色的美食，也有现代都市的繁华。

澳门历史城区是昔日以葡萄牙人为主的外国人居住的旧城区的核心部分，主要街道和众多"前地"把澳门的重要历史建筑物连成一片，至今基本上保持原貌（图5-14）。这个大范围的建筑群，风格统一，呈现着海港城市和传统中葡聚居地的一切典型特色，包括中西文化融汇交流的特点。

澳门历史城区保存了澳门四百多年中西文化交流的历史精髓。它是中国境内现存年代最远、规模最大、保存最完整和最集中，以西式建筑为主、中西式建筑互相辉映的历史城区；是西方宗教文化在中国和远东地区传播历史的重要见证；更是四百多年来中西文化交流、多元共存的结晶。

澳门大三巴旧城街区邻近澳门花王堂旧城区大三巴牌坊，这一片从地图上看有着自由而鲜明的城市肌理，这种完全依据地形地势自由发展、自由建设的自由式布局，已经成为澳门记忆中不可缺少的一部分。

大三巴旧城区曾是澳门历史上最繁荣的商业街区，澳门人对它有着特殊的历史感、认同感，周边历史街的形象特征和功能品质都与城市整体密不可分。但伴随着城市的现代化进程，极具韵味的街巷空间和某些有历史价值的建筑与事件，正淹没在澳门的城市开发中。

图5-14　澳门历史建筑物示意图

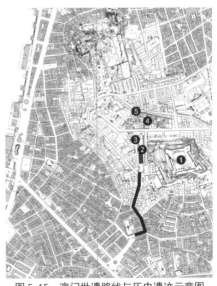

图5-15　澳门世遗路线与历史遗迹示意图

1. 大三巴片区景点状况

大三巴片区景点主要由大炮台、大三巴牌坊、哪吒庙、茨林围、古城墙组成（图5-15至图5-17）。

（1）澳门的大炮台是位于澳门的古老炮台，为中国现存最古老的西式炮台建筑群之一，昔日曾是军事防御设施的重心，现为澳门历史城区一部分，为澳门的旅游景点。

（2）大三巴牌坊是天主之母教堂正面前壁的遗址。本地人因教堂前壁形似中国传统牌坊，故称之为大三巴牌坊，2005年其与澳门历史城区的其他文物被列为联合国世界文化遗产。

（3）大三巴哪吒庙是指位于澳门大三巴牌坊右侧的哪吒庙，为澳门现存两座哪吒庙之一。大三巴哪吒庙常被视为澳门中西文化和洽相处之象征，2005年成为澳门历史城区的一部分。临近哪吒庙，保留有葡人用夯土建成的旧墙体，是昔日军事防卫的重要部分，墙身开有一砖券洞。哪吒庙周围拥有丰富的传统文化活动。

（4）茨林围位于澳门半岛圣安多尼堂区，是该区仅有最大的围村，横跨高园街分成南北两段。以北的一段为斜坡，在大三巴牌坊天主教艺术博物馆后面；而以南的一段则在大三巴旁边，于旧城墙遗址与高园街之间。

（5）茨林围中的古城墙在茨林围高差变化的位置横切，形成特别的肌理。但是随着

图5-16　澳门世遗路线历史遗址现状

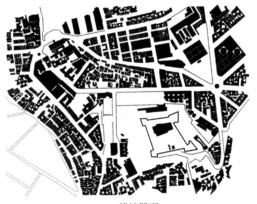

基地肌理

交通路网

旧城里各种穿插的街巷，容易迷路

闲置空地

绿化分布

基地范围内缺少公共绿化，大
片绿地难以服务于当地居民

　　■ 一层
　　■ 二层
　　■ 三层
　　■ 四层
　　■ 五层及以上

建筑高度

在人多地少的澳门，旧城区大多是多层及以上住宅楼，为保
证旧城风貌视野，茨林围片区内建筑被限高，多为低层建筑

　　■ 破旧
　　■ 较旧
　　■ 一般
　　■ 较新
　　■ 特色建筑

建筑质量

地块内临时搭建房、危房较多，建筑质量参差 不齐，
有特色的建筑多数因年久失修遭到破坏

图 5-17　基地基本状况分析图

时间的推移，居住空间沿着城墙两侧而建，使古城墙淹没消隐其中，历史文化展现出断层。

2. 大三巴片区道路状况

由于大运量的公交运输体系仍处起步，令居民未能全面使用公共交通作为代步工具（图 5-18），这也是大量私家车和电单车存在的客观原因之一。为使道路更能满足居民的交通需求，功能上更偏向于满足车辆行驶和停放，而规划上也令旧城区内街巷的密度不断增加（图 5-19）。另一方面，澳门作为一座国际知名的旅游城市，每天旅客络绎不绝，既要满足庞大旅客过境性的运输需要，也须兼顾居民地区性的交通需求，形成道路功能的相互不干扰（图 5-20）。街路窄且车多，路面的交通错综复杂，有市民指，一到繁忙

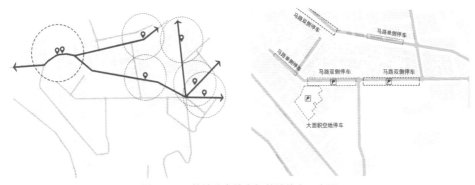

图 5-18　基地公交站点与基地停车示意图

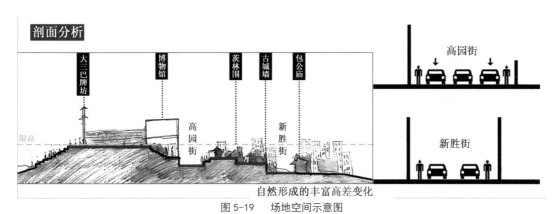

图 5-19　场地空间示意图

3. 大三巴片区景点游客流线探究（图 5-21）

图 5-20　游客路线示意图

待改造空间

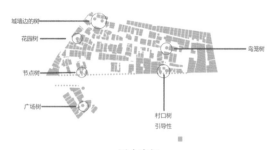

城墙边的树
花园树
节点树
广场树

鸟笼树

村口树
引导性

■ 危房、闲置空房
■ 废墟、空地

活力空间

场地内原有的绿化环境

待优化的道路空间

原茨林围路网肌理

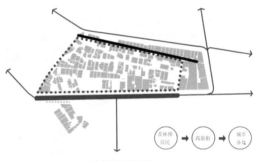

茨林围居民 → 高原街 → 城市各处

茨林围居民的去往

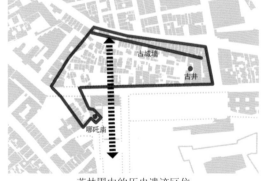

古城墙
古井
哪吒庙

茨林围中的历史遗迹区位

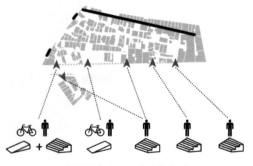

茨林围的出入口和出行方式

图 5-21　游客路线示意图

时段，巴士每辆都挤满了人，马路上堵得水泄不通，市民很可能要花费近一小时到达目的地，长期以来怨声不断。

5.2.2 大三巴景点及周边城市问题

此次设计通过前期调研分析，在对往返大三巴景点游客路径的优化前提下，通过将古城墙、古村落茨林围、哪吒庙、大三巴以及大炮台遗址的串联，引导游客品鉴大三巴文化遗产，提升旅游品质。开放历史遗产的同时，更新茨林围居民生活现状，打开历史遗产与城市的边界，扩散旅游文化，使历史遗产在城市的角度下对城市开放、对居民开放，游客和居民可以在此共融（图 5-22）。

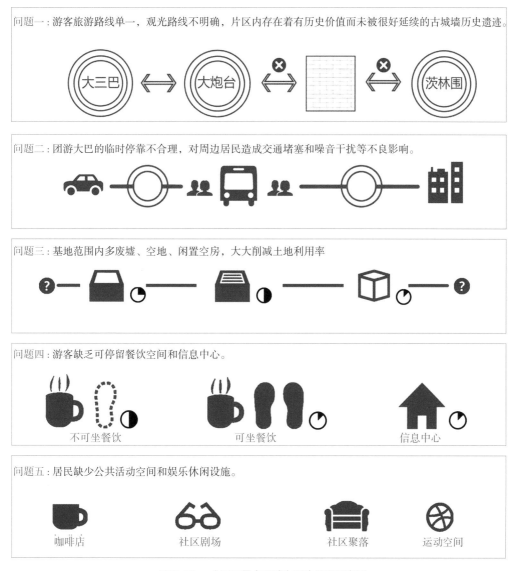

图 5-22　大三巴景点及城市周边问题示意图

5.2.3 景点周边的城市更新策略（图 5-23、图 5-24）

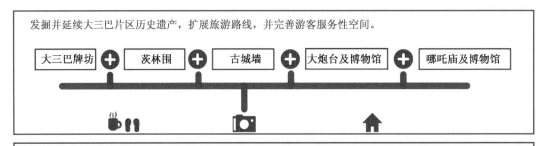

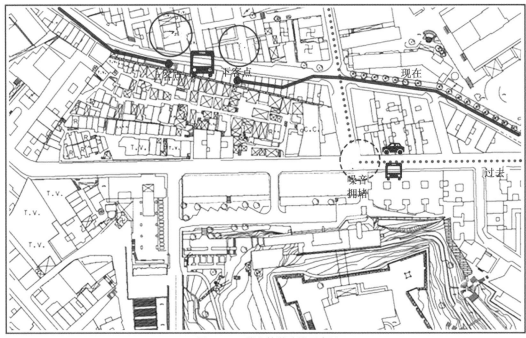

图 5-23 优化旅游路线示意图

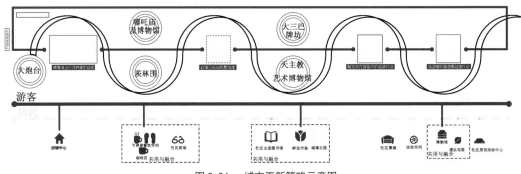

图 5-24 城市更新策略示意图

5.2.3 景点周边的城市更新策略（图5-23、图5-24）

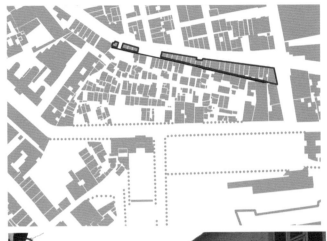

通过对城墙外侧的建筑信息整合，拆除城墙外侧建筑，解放历史城墙，通过城墙的长度来消解团客旅游大巴的停车及上下客堵塞问题。通过城墙两侧先天地势高差来缓解团客旅游大巴的噪音对周围居民的噪音干扰问题。缓解道路压力的同时，游客还可沿着城墙行进，此外也分担了游客原本无聊的步行路线，使游客从下车点到景点区间内有引导性（图5-25）。

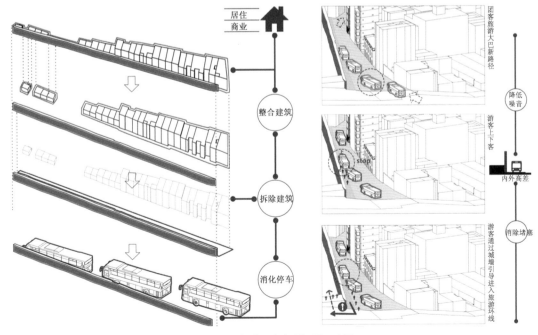

图5-25　解决团客交通问题示意图

1. 解决团客交通问题

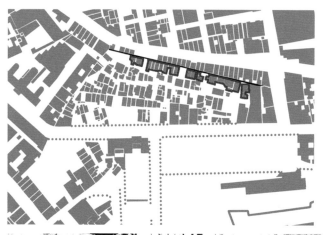

通过对城墙内侧建筑的信息整合和统计,拆除城墙内侧建筑,解放城墙,发掘展现古城墙的历史文化价值,使城墙的价值不仅服务于片区居民,还服务于游客,在白天游客可以在城墙边缘停留和参观,晚上居民也可以在城墙周围开展休闲活动(图5-26)。

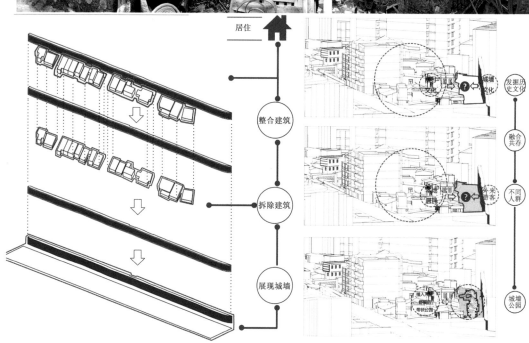

图 5-26 解决古城墙遗址问题示意图

2. 解决古城墙遗迹问题

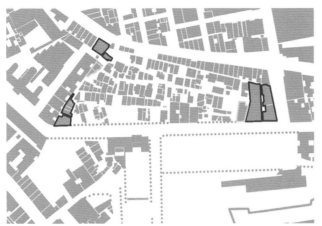

通过对茨林围片区边界建筑的信息整合和统计，拆除茨林围边界部分建筑，并且改造部分建筑，展现围村文化，在服务于居民的同时开放给城市。对内方便茨林围居民原本封闭的出行路线，对外使城市中的人可以在此停留，历史围村的文化从此释放开来，发挥历史遗迹对城市的作用（图5-27）。

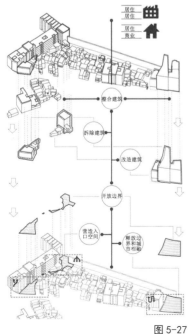

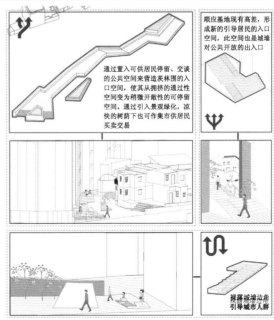

图5-27　开放茨林围片区边界示意图

3. 开放茨林围片区边界

通过对城墙内侧建筑的信息整合和统计，拆除茨林围内部部分建筑形成村内空间节点及公共空间。根据茨林围高差，对茨林围主入口片区的建筑进行改造并且置换新的社区功能空间服务于居民本身。与此同时，大三巴左侧部分茨林围均改造形成大型社区公共建筑，服务于学校、居民及游客（图5-28）。

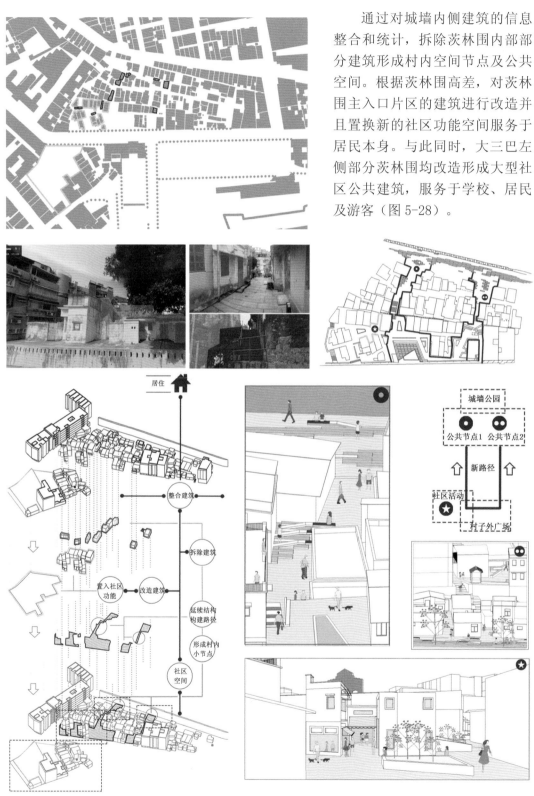

图5-28　改造并植入社区功能示意图

4. 改造并置入社区功能

通过对茨林围片区部分建筑的信息整合和统计，改造茨林围部分建筑，并且置入新的功能，使其面向游客服务，在服务于游客的同时使游客自由进入围村，参观围村特色彩色房子和文化。同时，游客可以在此歇息。这里也是游客和茨林围的边缘，但相互渗透，相融交错，使居民和游客自然交互，用文化风韵抑制过度的开放和商业化（图5-29）。

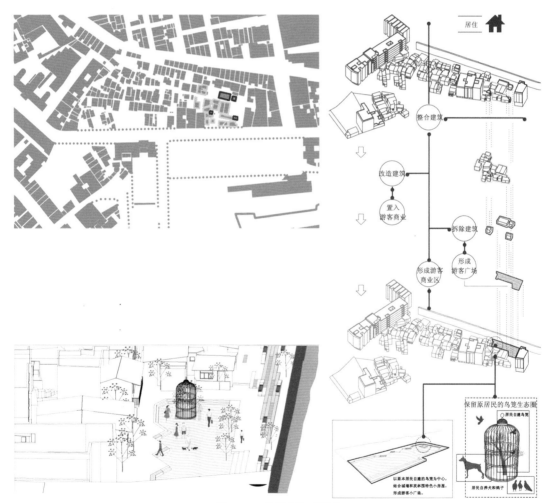

图 5-29　游客小街示意图

5. 整合古围村形成游客小街

现场基地高差丰富，从大炮台至茨林围及古城墙，地势逐级递减，形成丰富的高差变化。本次设计，通过顺应地形的坡道架空来连贯团客访客路线，使游客迎地势而上，在架空的坡道上沿途一路会经过古城墙、茨林围的上空、大炮台、大三巴牌坊、天主教艺术博物馆及墓室、哪吒庙以及文化剧场。让游客在每一个移动的瞬间，都有不同的观景感受，体验澳门历史文化遗产的不同视觉魅力。图 5-30 结合剖面分析游客流线关系，以及单体功能体块关系。

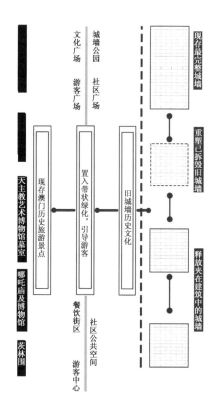

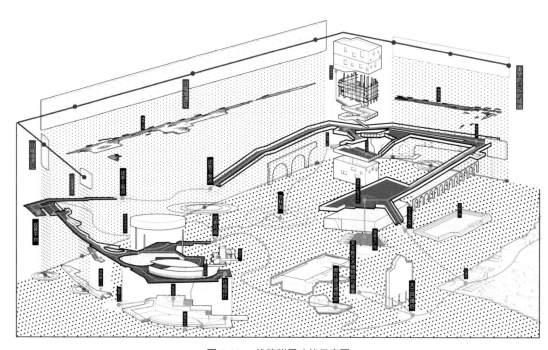

图 5-30　线路附属功能示意图

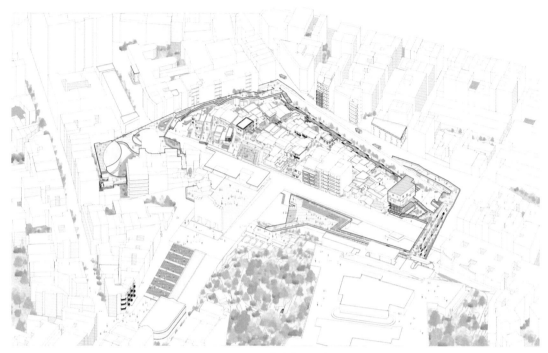

图 5-31　基地鸟瞰示意图

6. 解决古城墙遗迹问题

历史文化遗产的保护与更新是近年来城市更新和城市复兴的重要课题，澳门虽然不是典型的历史名城，但是在殖民统治时期，葡国文化对澳门文化的发展起到了非常重要的作用，也为城市留下了非常宝贵的遗产。澳门的城市定位是世界遗产城市和世界旅游休闲城市，对历史遗迹的保护和发扬扩散有各种有利的条件。大三巴片区旅游路线的再开发和扩散，不仅可以宣扬中葡文化特色，改善游客旅游质量，还能带动景点周边茨林围等社区的更新和完善，对于澳门整体城市形象也有积极的作用。课题小组进行了为期一周的实地调研与实践以及设计前中期对城市乃至场地的分析，总结问题并探讨策略，期望本设计能真正改善旅游路线的质量和品质，扩散大三巴片区中葡文化，真正推动大三巴片区的旅游复兴（图 5-31）。

5.3 创客围里

学生：陈博超 许婉茹　　　指导老师：郑剑艺

5.3.1 永福围历史及现状

　　永福围是果栏街与大三巴街、花王堂街之间的狭长地块。该区域主要为住宅区和商业区，中间夹杂了一些小规模的工厂。1992 年工业场所占全澳门的 34%，仅次于花地玛堂区，但工厂规模较小，工艺及设备比较落后。此区西临内港，沿岸主要分布着货运码头和渔业码头。圣安多尼堂区商铺众多，其中花王堂街和大三巴街一带聚集了多间古玩店，被称为"古董街"。由于将近一个世纪的殖民式统治，澳门新马路以北的花王堂区留存着大大小小的中西印记。然而，这些看似颇具特色的店铺，实际经营状况惨淡，大多勉强维持。以前由于靠近码头，地区级交通便利，来自广州、江门、佛山等地的旅客都从此码头登陆澳门，是交通的必经之地，故发展鼎盛。但现在由于码头衰败，世遗旅游的人潮难以进入，客源下降以致生意一落千丈。现代大型超市、百货和药店的增加，使得这些特色店铺更无人问津。所谓的特色已经变得平淡无奇，亟须注入新鲜血液。

　　本片区为世遗缓冲区，建筑密度大，道路尺度狭小，行人无法停留，违章停车现象严重。建筑高度以及道路宽度一定程度上影响了采光，公共绿化休闲区数量较少，服务人群模糊；业态种类多样，有许多有名的老店铺，其东北部的花王堂街号称"古玩一条街"，使用功能多为商住楼和纯居住两种，建筑风貌质量参差不一（图 5-32）。家庭构成多样，有独居青年、独居老人、青年夫妻、老年夫妻、三代同堂等。依据建筑纵横比、建筑使用功能、建筑质量、居住家庭构成等内容对本区域的建筑进行分类，探索合适的改造模式，以便更新改造时供居民自主选择，留存部分历史建筑。

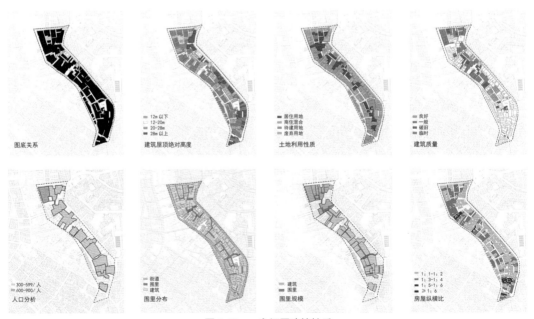

图 5-32　　永福围建筑性质

088

5.3.2 围里问题及机遇

1. 围里与建筑问题

（1）围里阻隔的问题

封闭围里带来交通出行的不便，城区如中央动脉阻塞一般。它与外界的关系需要重新梳理，空间的布局逻辑及空间动线需被重整。围里是增加空间密度的邻里单位，而后期扩张向上生长，比例失衡让围里变成了通道式的空间，私密度要求降低的同时，围里具备了被赋予更多功能的可能性（5-33）。

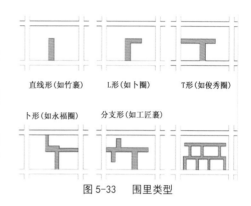

直线形（如竹里）　L形（如卜圈）　T形（如俊秀圈）

卜形（如永福圈）　分支形（如工匠里）

图 5-33　围里类型

（2）历史建筑的保护和利用问题

永福围的特色历史建筑与多层钢混建筑并存，且无规律地加建铁皮屋，带来了居住安全与居住质量的问题。

（3）建筑整体状况问题

根据历史照片可知，永福围一共有6座古建筑，建筑高度以2～3层为主，外观风格均为传统中式，是留存已久的历史风貌建筑，但是经过多年发展，建筑外观呈现出参差不齐的状况。一些建筑年久失修、无人使用而逐渐损坏。虽然政府对其进行了部分修缮，但是整体状况还是不甚理想。而与永福围相连的快艇头里，则是新建的6～7层高的"下店上住"的多层建筑，这些建筑相对于永福围的古建筑来说，居住条件有一定的改善，但是从空间尺度角度来看，6～7层的建筑高度与永福围的围里尺度的差异很大，同时会影响低层围里建筑的通风和采光，降低了生活环境质量。加之混杂其中的违章棚屋以及空调机位、雨棚等附属物设置不合理等情况，使得建筑外观愈显杂乱，围里和街区的整体品质不高。

2. 功能与空间问题

（1）公共空间问题

围里的入口和空地割裂，小区需重新缝合。如果要激活、重新利用这片区域，由于休闲设施交通不便、缺乏人流，需创造公共空间来引导人进入。

（2）场地问题

内部有高差，珍惜利用土地，保留原有肌理以改建、扩建代替拆除，分析现有建筑的居住情况、建筑质量以及整体功能需求来规划每一个地方的改造。由于永福围位于十月初五街区（填海区）与澳门半岛中部世遗核心区（原半岛原始地形）之间，其地形高差最大达到 10 m，地形限制了花王堂街和果栏街之间的联系。围内台阶十分陡峭，其中花王堂街与永福围高差达到 3 m，永福围与果栏街高差甚至达到了 7 m，且部分台阶十分狭窄，仅 1.2 m 不到，行走不甚便利，明显限制了整个围里的活力。其中从花王堂街进入快艇头里的台阶总高度也达到了 3 m，由于台阶较陡，导致入口标识性不佳。

（3）居住问题

围里内部居住单元因为布局紧凑，通常要利用天井来满足日照采光需要。设想将居民的居住单元共享出来，一部分作为创客居所，一部分合并成共享小区。

3. 永福围引入创客为发展机遇

一直以来澳门的主要收入都来自博彩业和旅游业。在 2014 年澳门产业结构中，博彩业（包括博彩中介业）增加值占总增加值的 59.1%。2015 年，博彩业毛收入达 2 318.11 亿澳门元；而博彩业税收达 895.73 亿澳门元，占政府财政总收入（1 097.78 亿澳门元）的 81.6%。

澳门拥有世界名列前茅的人均 GDP，令人艳羡的社会保障和福利体系，加上俯拾皆是的高薪职位，长期"无压力"的生活环境已是澳门青年的常态。在当下，"创业"不再是一个新鲜名词。 其实很多澳门青年也有创业的想法，但大都被眼前安逸的生活遮蔽了（在澳门，哪怕高中毕业生都能轻松谋得一份月薪不下 2 万元的稳定职位）。那些希望展现出全新一面的当地年轻人，不甘于此，他们热情地叙述着宏大的梦想，呐喊着："谁说我们只会发发扑克牌？"他们会的还有很多，玩音乐、拍电影、写书、精手工…… 他们就是要叛逆，就是要发出不一样的声音！

在《创客：新工业革命》中，克里斯·安德森指出，手工业者、 走街串巷的工匠、技能爱好者以及发明家都可视为创客。换句话说，创客的身份和含义源于创造某种服务或产品的行为，不管具体是什么，都可以归为创客这个群体。 他们是一群酷爱科技、热衷实践的人群，以分享技术、交流思想为乐，以创客为主体的社区（Makerspace）则成了创客文化的载体。

毗邻大三巴牌坊，与花王堂街、果栏街及关前后街等相连的永福围（图 5-34），2014 年初获文化局重点修葺，基本完成结构修复。文遗研创协会理事长温启源认为，永福围的社区文化资源丰富，倘获妥善规划，适当引客流至该区，能带动整区文化活力，激发营商环境。

永福围具有独特的肌理、空间及文化，更有昔日华人社会的生活积淀，但是，这里的建筑多半无人居住和破损，即使有人居住的住户也是老人，由于永福围内高差过大，栖居于此的老人出入不方便，致使这里成为缺乏活力的华人社区。 因此，在保护古建筑的同时，应当给该围里注入活力。传统的保护方式，如改造博物馆，可能是种消极的保护方式，过度绅士化，与朴素的居民格格不入。或许，永福围需要引入新鲜的血液。

根据创客的空间需求（集成了设计、原型化到制造、销售、展示、分销和部署的全部空间需求），结合一些服务于居民和游客的公共空间，对古建筑进行改造，旨在积极活化古建筑，让它成为一个对人们更加有包容力的场所。古建筑作为创客空间，一部分民居作为共享社区，为青年创客提供低租金的居住空间和休闲空间，古建筑与新式民居之间发生有生活场景的对话。

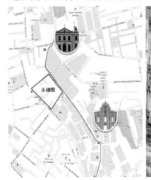

图 5-34 永福围现状

5.3.3 永福围历史及现状

在上述分析的基础上，研究认为要活化永福围－快艇头里，应根据创客空间需求，结合旅客、居民的生活诉求，对其进行整体功能重组。创客空间应该满足设计、原型化到制造、销售、展示、分销和部署的全部空间需求。

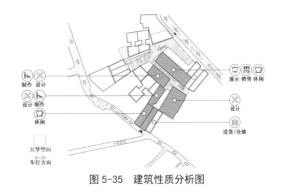

图 5-35　建筑性质分析图

如图5-35所示，其中红色块为古建筑，灰色块为新建多层建筑，红色虚线框为新建多层建筑的共享空间。对永福围－快艇头里的建筑进行重新编号，如永福围一号、二号（图中简写成 Y1、 Y2），果栏街一号、二号（图中简写成 G1、 G2），快艇头里一号（图中简写成H1）。

1. 共享公共空间的改造

设计场地内永福围为坡屋顶，扩建出坡屋顶形态的顶，控制加建的体量使之符合小广场和历史建筑的尺度关系，同时将广场在序列上划为围里延伸出的一部分。处理3 m高差，坡道与台阶结合，既丰富了入口空间也方便了人的进入。这是核心共享广场，是三股人流碰撞最多同时利用方式可能性最多的"城市客厅"。一系列公共空间的植入试图唤起旧城居民和谐的生活，与青年创客共享围里，同时获得新的配套收益与就业机会，这里将生成一个温暖而包容的小区。

（1）室内改造：室内空间系统中大部分是虚空，功能空间是一个个预制的盒子，每个功能盒子都有其相应的尺寸规格。盒子外是配套的辅助空间，如共享茶室、休息区等（图5-36）。

（2）任意空间：由杆件以及透明或不透明的板材组装的不同尺寸的共享方盒创造了多变的事件容纳发生器（图5-37）。

2. 共享居住空间的营造

（1）对比改造：相比快艇头里多层民居改造的大动作，永福围几栋古建筑的利用更

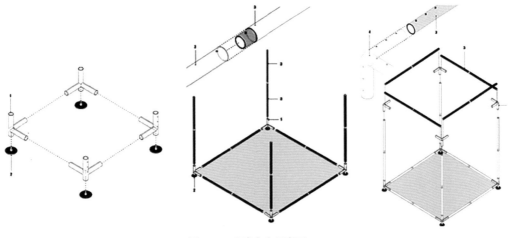

图 5-36　共享方盒示意图

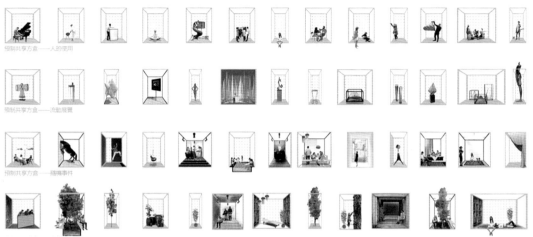

图 5-37   多变的事件容纳发生器示意图

为细腻，仅在临街面开窗暗示内部空间。 改造上手法有别，空间上主次有序，对比鲜明。

（2）天台改造：这里是青年公寓上的天台社会，澳门土地紧张不应过多占用空地由此把部分公共空间向上平移，外部的垂直交通系统在围里核心位置也向居民和游客共享开放。

（3）架空改造：将快艇头里的新建多层住宅抽出两层作为创客共享廊道线性交通的一个空间节点，性质类似于小区中心，有户外健身、自修室，并与永福围历史建筑相接。

（4）底层改造：将两栋面宽小、进深大的新建钢混结构的建筑改造成青年公寓，并在中间设计共享平台，创造户外垂直交通，形成立体生态绿化，同时改善永福围的入口空间。

（5）立面改造：将其改造成青年公寓并放大垂直交通，并作为设计的重点，新加的表皮具有活化围里的触媒作用。

历史街区、传统民居即便有极高的艺术价值，其仍然是作为供人使用的工具被设计与利用的。由于它们的尺度一般大于人体尺度甚至远大于一群人的尺度，因此审视它们时，就不能忽略其中交织的人的行为与社会活动。

（6）改造点：永福围 — 快艇头里内部（永福围一至四号、快艇头里一至五号）

①共享外廊：公共空间的塑造及居民公共性活动的引导则是重塑小区的核心要务。因此幼儿园、菜场、茶室、便利店、中医诊室需要被植入到小区中来促进小区的新生。

②自修健身空间： 老人要在这里变老，孩童要在这里长大，这里需要变好，小区需要重塑。 作为触媒空间的创客基地，通过一种小规模的改造，带动大片围里的复苏和社会稳定。

③蚊子电影院： 优化快艇头里的阶梯，创造梯间平台将阶梯延伸至改建的古建筑内部，形成露天蚊子电影院，丰富小区功能。此处也是创客和居民公共活动空间重合的地方。

通过内外渗透的交通长廊把共享居住单元和几个社区公共节点串联起来。以创客流线串联围里的居住单元，线性空间串起多个块状共享空间，居民与创客分享他们的居所，而零星的分享单元被整合系统化，成为独立的创客流线。

3. 创客工作空间的加入

通过旅游路线的再设计，在保证对原有居民的最小干扰下，有限度地将游客引入该围里，适当缓解大三巴周边的旅游压力，激活活力衰落的永福围古建筑。我们结合交通、建筑、业态、人口等主要影响因素进行深入分析，在保证围里居民生活品质的前提下，对永福围古建筑进行优化改造，加入创客空间（图5-38），作为重要世遗路线的节点之一，连接大三巴牌坊与花王堂，为永福围注入活力。

通过一系列的改造手段，我们希望将原本背对着花王堂街的永福围，用另一种全新的姿态展现给游客，不再是背对，而是欢迎。吸引游客的同时，最大化地保护原住民的隐私安全，为该区提供更多绿化空间、小广场空间，丰富居民的闲暇生活。古建筑、新建多层建筑，以及游客、居民、创客，在此产生极具生活化的对话，又兼具商业、旅游等功能。游客则可以在这里感受、体验到澳门华人社区的生活积淀，创客们亦拥有了一个实现理想的机会与场所（图5-39）。

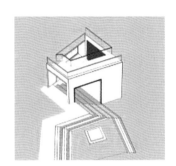
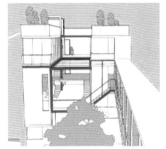

图5-38　创客空间的植入意图

改造前　　　改造后

图5-39 永福围一号入口处（改造前后示意图）

5.4 从庆坊社区的"动脉"

学生：陈剑峰 李让　　　　指导老师：郑剑艺

5.4.1 工匠街现状研究

工匠街位于澳门圣安多尼堂区内（花王堂区），在澳门半岛西部。此区是澳门主要的商住区和传统工业区，少部分工业场所混杂于商住区内。本堂区是澳门七个堂区中人口密度最高的一个（约 94 700/km²）。整个圣安多尼堂区的土地都是由填海得来。著名的旅游胜地大三巴牌坊、大炮台、白鸽巢公园均在此区内。而工匠街紧靠白鸽巢公园，大三巴牌坊与大炮台也在其附近，靠近海边（图 5-40）。

工匠街过去作为本地的一个蔬果肉类集中点，现在仍保留着部分此类店铺，其余慢慢变成了生活化的市井街道，对于现在的居民而言，这是他们生活的街道、成长的街道，承载着岁月的记忆。

工匠街是个历史较久的街道。尽管这个街道存在着诸多的不足，例如公共空间的缺乏、和垃圾站合并的小公园、人车混杂的道路等，然而在本地居民眼中，他们仍觉得在这个街道生活是便利的，可能正是因为长久以来习惯了这样生活。

正如大家所见，纵使它存在着大三巴片区乃至整个澳门都存在着的人口密度高、用地紧张的问题，工匠街仍是个具有浓厚生活气息的街道。

在这样的生活节奏下，保留下来的正是澳门悠扬绵长的生活方式，轻松、惬意。正如大三巴需要游客来欣赏与游历，工匠街的生活也需要本地人来记录并延续，因此在工匠街的更新激活上，我们希望能够保留居民原有的生活方式，寻找街道上适合的空间，力求创造出有活力的空间以满足居民交流、交往的需求。

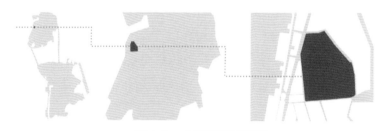

图 5-40　工匠街区位示意图

5.4.2 工匠街及街内社区存在的问题

经过详细的调研和问卷调查，问题可以归结为以下四点（图 5-41）：

（1）场所空间破碎：住宅楼拥挤，道路狭窄，视线受阻碍，基地内重要的标志物彼此分割，承载记忆的基地内场所空间被碎片化。

（2）道路问题：基地周边规划道路不通畅，汽车仅能从一侧进出。同时基地内部道路也被建筑堵塞，妨碍了居民的日常通勤。

（3）缺乏社区活动空间：基地内部有相当部分的外来青年，可是并没有让外来青年融入的设施，同时本地居民也缺少相应的社区活动空间。

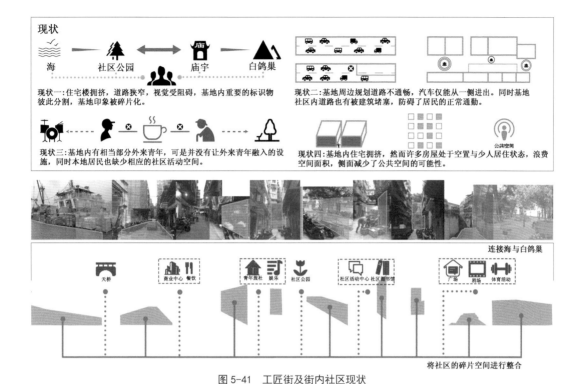

图 5-41　工匠街及街内社区现状

（4）房屋问题：基地内住宅拥挤，然而许多房屋处于空置与少人居住的状态，浪费空间，减少了公共空间的可能性。

5.4.3 工匠街更新设计策略

结合调研的内容，笔者梳理了社区内各方面因素，通过改建与新建的方式将社区内碎片化的空间重新整合。其中包括了拆除利用率低的房屋，改造老旧建筑。并且通过植入人行天桥、社区活动中心、社区图书馆、公园、剧场、台阶广场、青年旅社等功能将社区进行活化，并借由这些功能开辟一条"空中走道"。

开辟天桥的原因是一般民居屋顶都很少被使用，一层也常常是封闭的，不作为半开放空间使用，这就导致除了商业住宅，一般人们走在住宅群中的空间界限是非常明确的。由于白鸽巢的高度与基地周边相差不多，可以利用屋顶来设计一条空中流线连接海洋与天空。同时希望部分民居打开一层空间，扩大道路的边界性（图 5-42）。

另一个原因是基地原本的高差很大。基地原本只能通过左边橘色路线下的层层台阶上山，有将近 20 m 的高差，台阶众多，虽沿途设置较多平台，仍人流较少（图 5-43）。于是我们设置了电梯和天桥可以直接从基地内的广场上到 12m 高，可达到凤凰山的中部，也可到达祭祀广场，也减少了老年人上山的负担。同时在天桥部分，引导人们向小区内走去，会经过一系列的小区活动体，到达联系白鸽巢公园的天桥，穿过天桥便可直接到公园，尽量减少原本视野不佳和攀爬费力的不利因素，充分发挥白鸽巢和凤凰山的作用。

延长基地内原有的一小段天桥，将其扩展到小区内建筑的屋顶上，连接内港与白鸽巢，将基地两个重要的记忆载体连接。同时利用原本闲置的屋顶，缓解地面的交通压力

对区域空间的认识

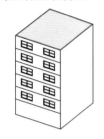

一般民居屋顶很少被使用，一层也常常是封闭的，不作为半开放空间使用。这就导致除了商业住宅，一般人们走在住宅群中的空间界

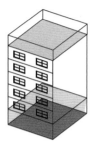

因为白鸽巢的高度与基地周边相差不多，因此计划利用屋顶来设计一条空中流线连接海洋与天空。同时希望部分民居打开一层空间，扩大道路的边界性。

图 5-42　区域空间封闭，使用率低

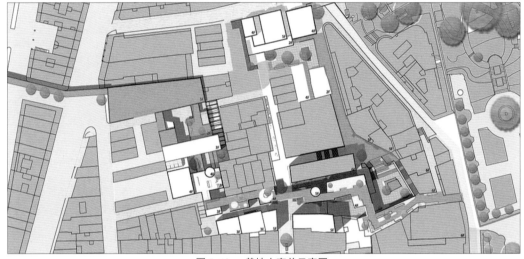

图 5-43　基地内高差示意图

（图 5-44）。同时对天桥连接的建筑进行更新，改造利用率低的住宅，增加商业、小区活动区、广场等空间，将原本拥挤的地面空间拓宽，使该小区一改原本的面貌，形成居民、外来人口与游客友好交流的空间。

　　之前由于片区内用地紧张，所有可能的地块都被用来建住宅，故没有多少活动节点，即使是较宽点的巷子都被用于停车；而更新后在上山处、高差处、商业大楼边上整理出了 4 个新的节点，为居民提供各式小区活动可能（图 5-45）。

图 5-44　改造前后的对比

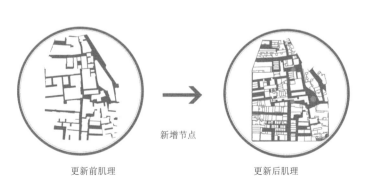

更新前肌理　　新增节点　　更新后肌理

图 5-45　新增活动节点示意图

5.4.4 工匠街更新具体设计手法

1. 庙前广场

庙前广场位于基地北端一土地庙旁，背靠白鸽巢公园，坐落在几座庙宇脚下，因此该广场最主要的功能是疏散与引导，结合庙宇形成特色空间（图5-46）。

通过拆除一些居住人口不多的建筑，疏通主要交通干道与山上庙宇道路。在山脚下开辟广场，既能疏导前来膜拜的人流，也能服务周边的居民，拓宽白鸽巢的通达性。同时在广场后面依据原有的路网规划疏通了新道路，缓解交通压力（图5-47、图5-48）。

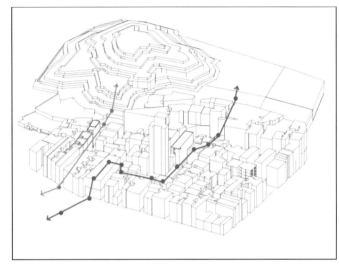

图 5-46　庙前广场人流示意图

通过对于垂直交通的处理，广场解决了场地高差的问题，将原先4 m高隔断的高差连接，同时成为小区与另一个广场人流的交汇点，在小区内形成了连续空间。通过电梯与走廊（垂直交通与水平交通体系的结合），将广场与白鸽巢上的庙宇相结合，使得该广场成为白鸽巢山下的一个节点，起到疏散与引导的功能。并且利用基地原本的高差形

庙前广场

疏通上山道路

通过拆除一些居住人口不多的建筑，疏通主要交通干道与山上庙宇道路。在山脚下开辟广场，既能疏导前来膜拜的人流，也能服务周边的居民，拓宽白鸽巢的通达性。同时在广场后面依据原有的路网规划疏通了新道路，缓解交通压力。

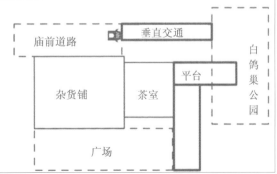

图 5-47　庙前广场示意图

成不同的平台，不同的平台彼此又有视线交流（图 5-49），使广场有山地的印象，同时丰富了广场在垂直方向上的空间（图 5-50）。

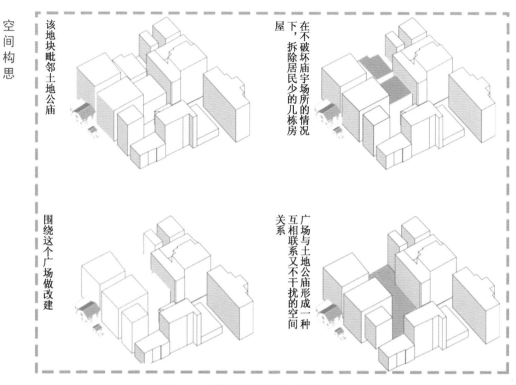

图 5-48　庙前广场空间构思示意图

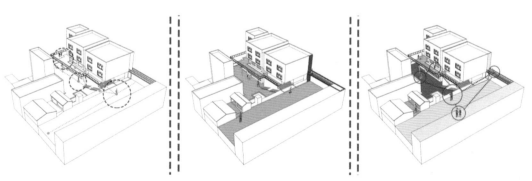

图 5-49　广场空间改造与视线分析示意图

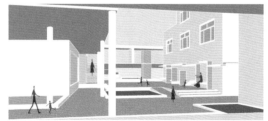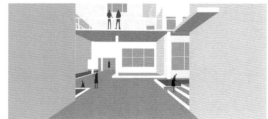

图 5-50　广场空间改造效果图

2. 商业中心

该商业中心毗邻新建的商业楼，将从码头边开始的天桥延续进小区。尝试利用垂直交通解决澳门地面拥堵的问题。同时新建建筑穿插的体量关系形成了灰空间，给居民提供了可以休息的区域。商业空间还能够更多地激发社区活力（图 5-51）。

在设计手法上，对实盒子与虚盒子采用截然不同的手法，虚盒子做加法，实盒子做减法，以此形成体量的互相穿插，产生大量灰空间，使得空间富有变化（图 5-52）。

该商业中心毗邻新建的商业楼，将从码头边开始的天桥延续进小区。尝试利用垂直交通解决澳门地面拥堵的问题。同时新建建筑穿插的体量关系形成了灰空间，给居民提供了可以休息的区域。商业空间还能够更多地激发社区活力。

垂直流线分析图

引入天桥

图 5-51　商业中心改造示意图

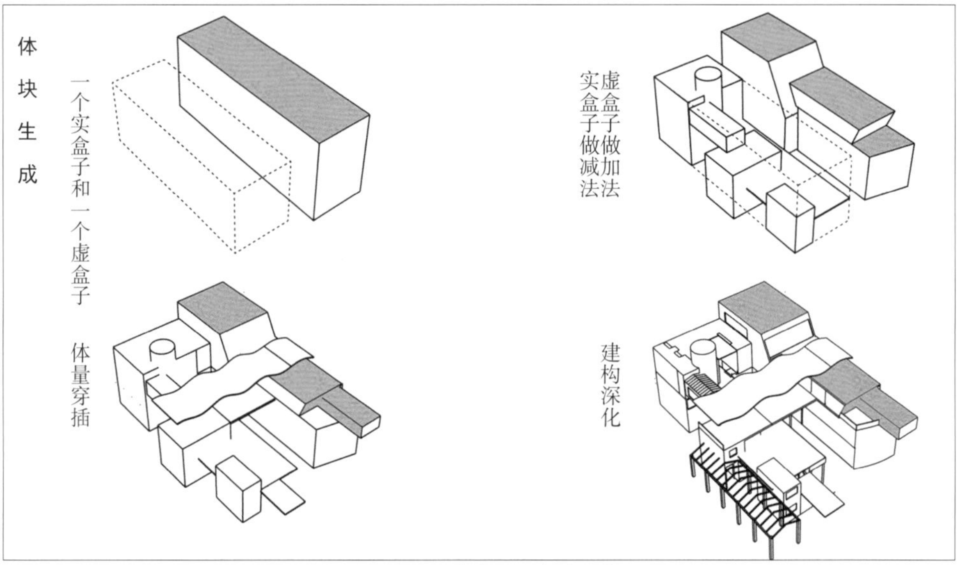

体块生成

一个实盒子和一个虚盒子

体量穿插

实盒子做减法 虚盒子做加法

建构深化

图 5-52　商业中心体块生成示意图

3. 青年活动中心

与澳门其他地方一样，该区域存在老龄化严重、年轻人流失与外来人口涌入等问题。青年活动中心旨在吸引年轻人、增加外来人口的沟通机会。用新鲜血液来激发小区的活力（图 5-53）。

在设计手法上，拆除利用率低的住宅，增加光照面积，减缓拥挤，在拆除的建筑基地上增加空中交通与玻璃盒子，增加活动面积（图 5-54）。

青年活动中心承接商业中心的交通体系，将人流引导到白鸽巢公园。在屋顶上延伸交通空间既缓解了地面交通压力也充分利用了屋顶的空间。底层为半开放的酒吧与活动中心，上层布置青年旅舍与休息平台，开放式的布局使得此节点有更多的可能性。拆除了一些原本利用率低的建筑底层，变成灰空间，扩大底层的交通与活动面积，增加小区活力（图 5-55、图 5-56）。

4. 台阶广场

台阶广场是庙前广场，是青年活动中心、小公园与白鸽巢连接的枢纽，为重要的节点之一。解决高差关系是该广场的重要设计目的之一，因此广场设计了两段阶梯，分别有三个不同高差的小型广场，在视线上彼此交流。

在设计手法上，主要考虑该地块高差很大，仅仅依靠原来的楼梯难以形成空间联系，因此增加一个平台，将楼梯延伸为广场，形成丰富而有趣的垂直空间（图 5-57）。

对建筑的改造：对于密度较大的建筑进行疏解，增加光照，同时在建筑间架起连廊，增加公共空间（图 5-58）。

建筑间的联系：建筑屋顶通过天桥连接，将屋顶变成易于使用的空间，同时连接小区与白鸽巢公园。梯的一段式变成两段，底部形成大楼梯，激活该空间，使其成为多功能型广场，也更好地将高低两空间紧密联系（图 5-59）。

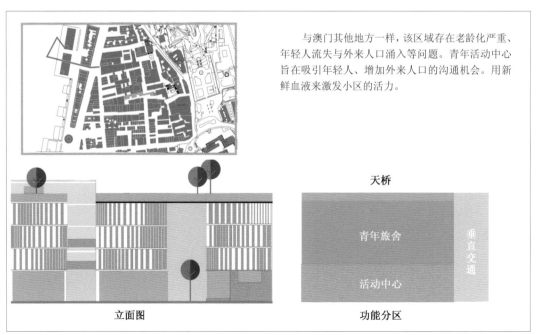

与澳门其他地方一样，该区域存在老龄化严重、年轻人流失与外来人口涌入等问题。青年活动中心旨在吸引年轻人、增加外来人口的沟通机会。用新鲜血液来激发小区的活力。

天桥

青年旅舍

垂直交通

活动中心

立面图　　　　　　　　　　功能分区

图 5-53　青年活动中心改造示意图

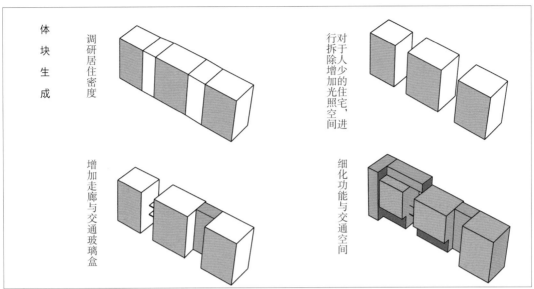

图 5-54　青年活动中心具体设计手法示意图

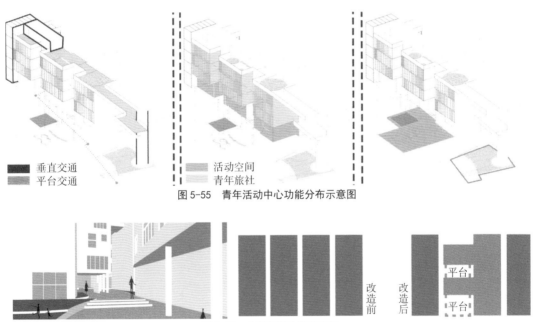

图 5-55　青年活动中心功能分布示意图

图 5-56　广场空间改造效果图

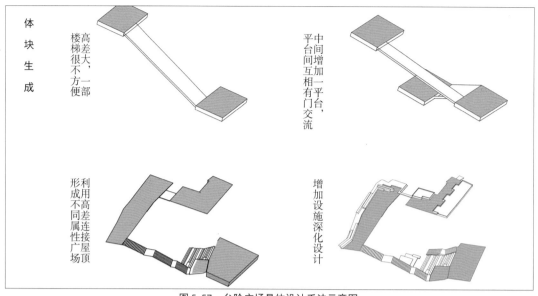

图 5-57 台阶广场具体设计手法示意图

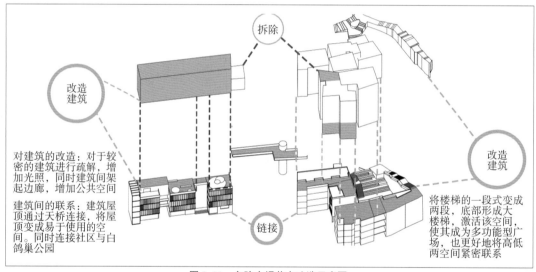

图 5-58 台阶广场节点改造示意图

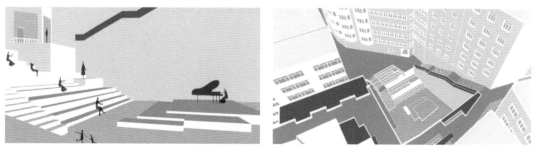

图 5-59 广场空间改造效果图

5.5 十月初五街与草堆街的适老化改造

学生：敖天骄 杜巍威　　　指导老师：郑剑艺

5.5.1 大三巴片区的老龄化背景与课题方向研究

经过为期7天的调研，结合调研结果与相关访谈记录，我们最终确定了设计的主要针对人群——老人，并尝试对大三巴片区进行适老化改造。

关于对象的选取，源于我们在调研过程中发现老年人在该片区中占了较大的比例。根据老龄化城市的标准即65岁以上的老年人总数占城市人口总数的7%以上或者60岁以上老年人总数占城市人口总数的10%以上的城市即可称为老龄化城市（图5-60）。

澳门早在多年以前便已步入老龄化城市，而大三巴片区由于是老城区，住房水平还处于较为传统的阶段，且近几年青年人口外流，更导致片区内居住的老年人比例大大增加。随着老龄化与城镇化的同步推进，城市与人之间产生了一个主要矛盾，即城市的生长总是滞后于人类需求。具体带入课题中讲，表示为随着老龄化社会的到来，原有制度设计中隐含的一系列问题逐渐凸显了出来。其中由于在规划建设之初，缺乏相关养老配套设施的配建标准以及规范，既有城市住区很少为社会性的老年住宅和养老设施预留足够的空间；而在后期集中兴建的养老机构，又往往因土地问题处于城市外围或郊区。这就不可避免地造成了老年人与社会城市在空间上的分离（图5-61）。

而这一点尤其表现在大三巴这一片区。通过对现有片区内的公共建筑以及社区配套实施功能性的研究，发现几乎没有老年设施，且由于澳门的土地资源十分紧张以及土地归属权方面的地域性特征，不存在规划用地新建的可能性。且大三巴片区内存留一定数量的历史风貌建筑，无论从历史保留或是出于照顾老年人恋旧情怀的考虑，改建都是最好的选择。

因此，综合考虑大三巴片区的特点以及澳门地区老年人的居住现状、经济能力等，选择对大三巴片区进行适老化改造，以适应该区大量老龄人口的生活。

图 5-60　老龄化人口程度统计图

图 5-61　区域内配套设施分类

5.5.2 大三巴片区存在的老龄化问题

通过调研，发现片区内存在比较多的阶梯，十分不便于老年人的居住与出行，大致可以总结为以下几点：

①公共空间交流性缺失；

②道路等级不清晰，安全性较弱；

③公共绿地少，可利用率较低；

④缺乏公共服务设施；

⑤慢行系统断裂，缺少无障碍设施。

片区内几乎没有专门供给老年人的配套设施，老年人的娱乐活动十分匮乏，但这种匮乏并不缘于他们没有这方面的需求，相反，通过访谈我们发现大多数老年人都有比较多样的娱乐需求（图 5-62）。

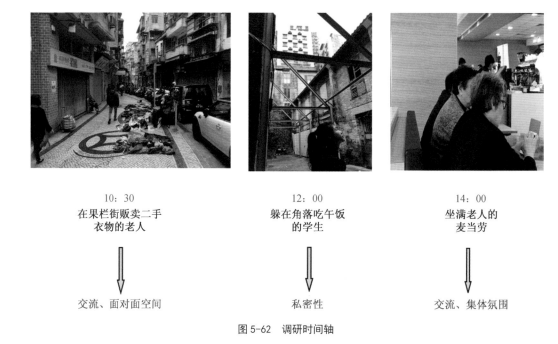

10：30	12：00	14：00
在果栏街贩卖二手衣物的老人	躲在角落吃午饭的学生	坐满老人的麦当劳
↓	↓	↓
交流、面对面空间	私密性	交流、集体氛围

图 5-62　调研时间轴

故而调研过程中发现了一些非常"违和"的现象，如很多老年人出现在青年聚集地。调研过程中通过与服务员的接触，我们了解到其中一间麦当劳里几乎每到下午的时间，一定会坐满各种各样的老人。他们彼此认识，每天都定时在这里享用下午茶。由此，我们深切地感觉到，这些老年人有与外界沟通交往的迫切愿望，而这个片区的老旧与沉寂，却压抑了这些老人的这一愿望。

大三巴片区的特点：

①首先，与老旧社区相比，这里比老旧社区更不具备规划性，公共设施上预留的空间更不足，且道路安全性更不足；人员组成群体更为庞大和复杂，老人的数量多，导致了所需的硬性养老空间较大，但片区内没有满足这个需求的空间。

②其次，与历史城区中的老城区相比，这里并没有那么浓郁的历史气息，虽然有许多历史风貌建筑，但并不能吸引人驻留；一些现代商业的进驻不但蚕食了原本的老商业，而且尴尬的是，这样的行为并没有激发这个片区的整体商业活力。

5.5.3 针对老龄化问题进行详细调研

1. 老年人活动规律总结

通过跟踪片区内老人一天的活动轨迹以及访谈记录，我们拟在规划中增加如下功能性空间用于满足老龄化人群的娱乐需求：社区食堂、活动室、室外活动场地、怀旧市集、棋牌室、绿地交流空间、老年活动一条街。

2. 基地内现有可利用空地

通过现场调研，我们将这些被编号的地块用几个关键字进行记录，并且得到了一个调研表格（表5-1）。这些本该是使人停留的公共空间，可实际上却人流量小。为了寻找出有价值的适宜激活的空间，我们从各个方面对这些地块进行了深入的分析（图5-63）。综合考虑后，拟将地块a1、a2、a3、a4、b1、b5、c1、c3、e1、e3、d1、d3这几个潜在价值较高的地块激活。

表5-1　编号地块关键字表

编号地块	关键字
a1	停车、健身、没有人只有猫
a2	面包、停车、WC、雨棚灰空间
a3	P、coffee、危房
a4	P、树、牛肉店、土地公
a5	窄小、无出入口、两侧民居
a6	双排停车、一个出入口
a7	双排停车、一个出入口
b1	停车、建设完善、有管理
b2	商贩、P、漂亮房子、招牌、尺度感宜人
b3	户外商贩、垃圾桶、P、尺度不宜人、无活力
b4	垃圾桶、停车、气味糟糕、不通风
b5	临街空地
c1	少量停车、空地、四周商店
c2	转角空地、已有规划
c3	停车、尺度感舒适、采光好、背景好
c4	健身、停车带、绿化带、矩形
c5	停车场、尺度不宜人
d1	双面临街空地
d2	楼间距较大围合而成空地、尺度不宜人、有灯
d3	临街空地、近庙前大广场
d4	树、三岔口、临街空地、旁边两栋危房
d5	空地、尺度不宜人

编号地块	关键字
e1	榕树、佛龛、异形、健身、停车、大
e2	停车场、道边停车
e3	户外商贩
e4	背后房屋奇异、转角空地
f1	榕树、高差丰富、连续性、灰空间、圆形座椅、聚合性好、连通性好、类似表演空间、空间非常舒适
f2	临路、粮油店、禁停、广场功能消失
f3	隐蔽、矩形、学生吃午饭
f4	三角空地、教堂对面、水池、杂乱树
f5	类似表演空间、空间舒适度非常好
g1	岔口空地
g2	岔口空地
g3	楼间距成空地、前有停车场
g4	岔口空地

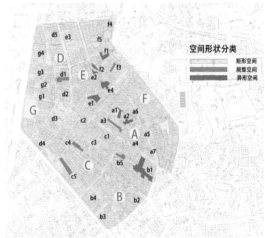

a. 空间形状分类

b. 用地功能分类

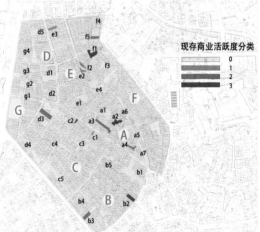

c. 现存商业活跃度分类

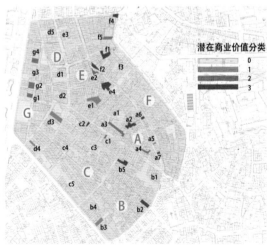

d. 潜在商业价值分类

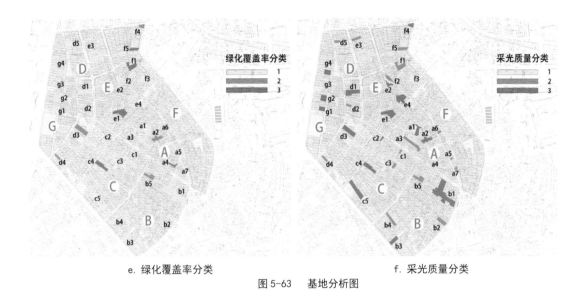

e. 绿化覆盖率分类

f. 采光质量分类

图 5-63　基地分析图

3. 步行街的选取

通过对现有道路的调研，发现最突出的特点为人车混行，且道路尺度非常狭小，有些人行道甚至难以容纳两人并行。由于道路狭窄，汽车难以通行，故最主要的机动车为摩托车，摩托车与行人混行，这就极大地造成了老年人出行的不安全性。

综合考虑整个大三巴片区的道路系统，部分道路对汽车的运输能力基本为零，而且片区面积并不很大，步行皆可达。因此，拟规划出一条步行街，专门供居民步行。由此，老年人的出行安全与无障碍设计均可得到保障。

图 5-64 为现基地内的巴士行车线路，中间红色线路并不是日常线路，仅特定时间才会有巴士经过草堆街与十月初五街，常规巴士线路主要集中在片区的外围一圈。现计划将草堆街与部分十月初五街规划为步行街（图 5-65）。

草堆街的街道宽度平均 6 m，十月初五街相对宽敞，平均路宽 10 m 左右。由此看来，草堆街通行巴士

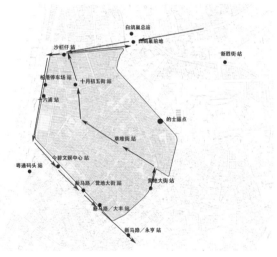

图 5-64　大三巴片区的巴士路线示意图

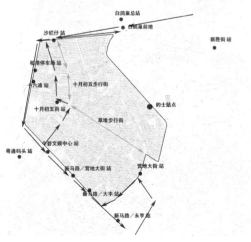

图 5-65　计划改后的巴士线路示意图

稍显勉强。草堆街两侧的居住区还多保留以前的规划，街道两侧连接较多小巷道，居民进进出出，故草堆街上人流量较大而且行人的流动性较大。若将草堆街规划为步行街，可将其视为主路，两侧岔口视为通向居住区的各出入口：一则保证居民出行的安全；二则草堆街紧邻大三巴斜巷，游客由大三巴牌坊而下，自大三巴斜巷向下游览，通行至草堆街是惯性路线，更便于激发街两侧的商业活力。

十月初五街左侧的街道多为后期规划，道路宽敞且四通八达，更便于通行巴士。新线路将原草堆街站与十月初五街站并为一站，新车站置于康公庙前地，与之结合形成一个大的节点，更激发了康公庙前地的活力。

4. 历史街区与历史风貌建筑

澳门是东方和西方文化交汇碰撞的世界文化遗产城市。因此，不仅要考虑城市的路径、节点等空间要素，还应综合考虑澳门的自然、人文与历史。这里重点介绍两条街，即草堆街与十月初五街。

草堆街是一个很有趣并能反映澳门半岛城市商业特色的街道，它全长不足千米，但是伫立着各式各样的商铺、摆满了令人目不暇接的商品。建筑群落为葡萄牙风格，而且多保留了当年的色彩。

在四五十年以前或更早的时候，内港是澳门对外海上交通的枢纽，往内地、香港及离岛的客货运船只都集中在这里，它也是渔船湾泊之地，从而带旺了十月初五街的经济发展，令十月初五街成为当时澳门的繁盛街道之一。据一些老街坊说，十月初五街以前人流熙来攘往，各大行业都在这里开设店号，其中以海味杂货店及找换店为多。除商铺外，摊档林立，而且还有在街头摆卖的小贩，他们多以售卖蔬菜、生果、生活用品为主，

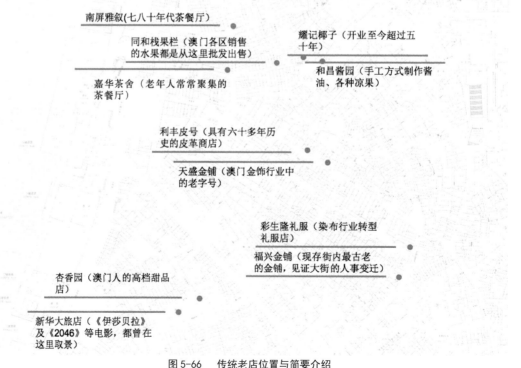

图 5-66　传统老店位置与简要介绍

另外还有售卖神香、大米摊档，以及替人理发的摊档等。这条街靠近码头和岐关车站，是个商肆密集、生意兴旺的地方。每当夜幕降临，十月初五街华灯齐上，霓虹闪烁，各色人等徜徉于街上，寻找着自己夜生活的去处。

可惜岁月变迁，草堆街与十月初五街的盛景早已不在，现在的它们更像是老一辈人心中的记忆象征，因此现在还存留的零星几座历史风貌建筑就显得尤为珍贵。这一点上，十月初五街保留的较草堆街更完整一些，十月初五街有一段几乎完整地保留了当时的建筑立面，且还有一些传承已久的老店仍在原处营业，而这也是我们的设计重点所在（图5-66）。

5. 旧城区中适老化改造的策略

（1）养老模式的转型

中国特色的养老模式正在发生变革，有调查数据表明，2012年，我国超过一半（53.2%）的老人具有选择社会养老服务的需求，超过五年前（2007年）的两倍（24.4%）。中国特色的养老模式，正从"以家庭养老为主"转变为"以社会化养老为主"，并将随着社会养老服务体系建设的推进，逐步演进为"居家在宅养老为主，机构养老为补充"的养老模式。随着传统的家庭人口结构由"4:2:1"倒金字塔结构发展成为"12:2:1"结构关系，中国家庭对居家社区养老设施和多代近居型的居住空间需求日益上涨。

基于此，该片区需要一个新型的老年公寓来适应老年人的居住需求。

（2）老年人的心理特征

随着年龄的增长，老年人在社会上的角色发生变化，心理上就形成了老年人专属的特征。大体上表现为以下四点：孤寂感与渴望融入邻里圈；自卑与异域感；失落感与渴望归属感；求生性与渴望安全、舒适性。

关注老年人的心理健康，在空间功能上，或者是空间质量上尽量满足多数老人的需求，也是适老化改造的重点之一。

（3）老年人的行为特征

①集聚性：老年人喜欢聚集在一起参与某种活动，有时一部分人参与其中，而另一部分人围聚在一起参观。在这个过程中，由于他们的爱好相同或相似，参与公共活动和交往时会产生一种共鸣而互相吸引（图5-67）。

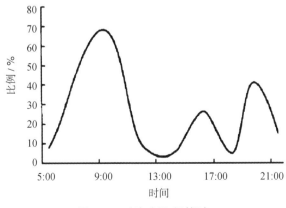

图 5-67　老午人活动时间表

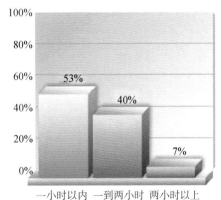

图 5-68　老人行为活动统计图

②行为活动的时域性：老年人的活动意愿和行为特征在不同地理区域、气候条件及季节时辰等条件下表现得不一样。他们在平时与节假日、上午或下午的出行方式也是不一样的（图5-68）。

③行为活动的地域性：因为老年人都有自己的习惯，如到特定的地点进行活动。且由于自身体质的原因，老年人的室外活动时间一般不会太长。另外也要考虑老年人所能忍受的距离家的最远距离，这就涉及可达性以及老年活动中心的选址。

综合考虑这几个方面，可以发现：老龄化社会背景下，单纯针对居住区物质空间的更新已无法满足城市居民对适老化居住空间的需求。进入老龄阶段后，由于生理、心理、经济能力、作息时间和生活空间的变化，老年人对居住空间设计、养老服务设施、无障碍出行环境、养老服务供给和社会养老氛围等方面均存在特殊要求。因此，我们的适老化改造主要围绕这五个方面并结合前期调研内容展开。

5.5.4　大三巴片区适老化改造策略

1. 总图规划

总图规划以老年人一天的活动轨迹为基础，以十月初五街与草堆街为路径，以两个大型菜市场为起始点，将各种老年设施分布在步行街两侧，充分满足老人的安全出行以及活动需求（图5-69、图5-70）。

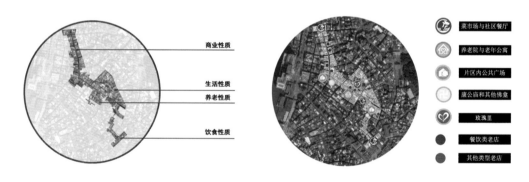

图5-69　基地现状分析一　　　　　　　图5-70　基地现状分析二

2. 草堆步行街

草堆步行街两边分布有老人与小孩的各类辅导功能性用房，包括幼儿辅导室、麻将一条街等，并以两个大型的老年活动中心为活动核心，功能包括动静活动室以及体育设施、文化类功能用房等多种功能。

活动中心的服务对象以老年人为主，但并不只限于老年人，片区内的各类人群包括游客都在服务范围内，充分满足大众的生活娱乐以及集会交往的需求。

值得提及的一个小改造是电梯的配置模式。我们发现老年人的住所，尤其多层楼的房屋住宅多以陡峭楼梯为唯一垂直交通，但由于老年人的自身体质限制，电梯的配置就显得尤为重要；可是，若每一家都外配电梯，一则成本太高，二则楼间距过小不满足现实条件。因此，我们提出了一个模式，即以几栋楼房为一个集合体，在楼宇所围合的空地处，集中配置一个电梯，并配合公共空间的使用。这样，几家均可共用这一个电梯，

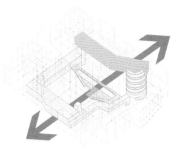

图 5-71　功能分布图一

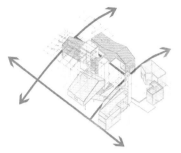

图 5-72　功能分布图二

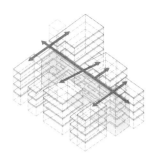

图 5-73　交通流线分析图

不仅解决了老年人的无障碍设计，而且还多出了公共交流空间（图 5-71～图 5-73）。

3. 十月初五步行街

十月初五街相较草堆街，其特色在于历史悠久，沿街两侧有许多立面极具特色的店铺，有些老店甚至将其历史风貌完全保留了下来，故打算将其打造成一条历史风貌步行街。规划上，以老年人的生活轨迹与活动特点为媒介将其规划为一条由老年设施串联起来的街道（图 5-74、图 5-75）。

第一个节点，老年公寓。区域原为一片老旧房屋集合处，居住人数较少，立面保留较为完整，有鲜明的历史风貌特征，立面保留价值较大。现拟在此处建造一老年公寓，调研发现，大三巴片区老年人居住条件较为恶劣，外围环境嘈杂，且家居条件尤其不便老人生活，综合此处老年人数量较多，且考虑澳门老人的生活条件整体较为优渥，拟建一处综合性适老化新型养老公寓。设计原理由北京四合院出发，老年人的特征为喜聚不喜散，且此处空巢老人占绝大多数，故以营造一个热闹温馨的家庭式老年公寓为设计出发点，选用四合院为主要元素并将其变形，经过体块之间的各种排列组合，旨在使其成为较为封闭且安静的社区环境。另外，在立面设计上，

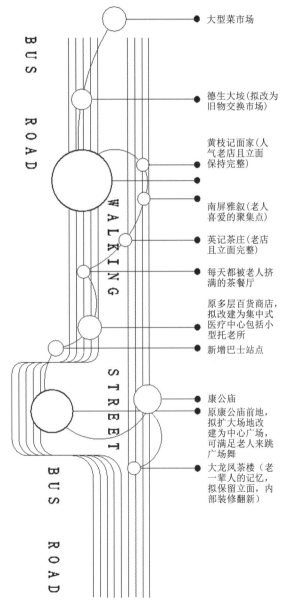

图 5-74　十月初五步行街的规划示意图

111

为保证十月初五街街面的完整性，故而将原先外立面保留了下来（图 5-76、图 5-77）。

第二个节点，医疗中心与康公庙前地。康公庙前地本应该承担起活化整个片区的重要责任，实际却人流量少。拟重新设计将其变成中心广场。另考虑老年人的需求，计划将原百货楼改建为多层医疗中心，便于收纳附近的各式小诊所。广场设计遵循两条轴线，一条出自康公庙的中心轴线，用于强调其地位，另一条用于呼应医院（图 5-78）。广场保留原葡萄牙铺地风格。

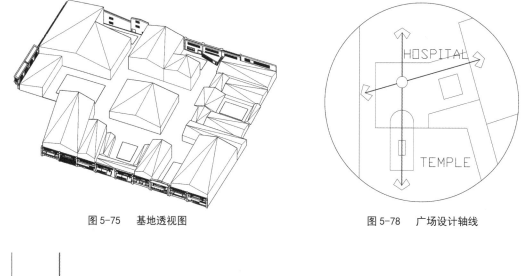

图 5-75　基地透视图

图 5-78　广场设计轴线

图 5-76　老年公寓四周保存有历史风貌的立面一

图 5-77　老年公寓四周保存有历史风貌的立面二

5.6 公共空间的节庆／日常反转机制——大三巴片区社区活化

学生：张婕 柯晴薇　　　　　指导老师：费迎庆

5.6.1 "世遗线"及周边地区概况

澳门历史城区作为殖民式统治时期葡萄牙人主要生活的区域，它被视为澳门城市文化的标本，并于2005年被联合国教科文组织世界遗产委员会列入《世界文化遗产名录》。

申遗的成功极大增强了澳门人的文化归属感。在此之后，澳门政府规划了一系列的世遗导赏线路，也就是我们简称的"世遗线"。漫步在"世遗线"上，地面的黑白小方石组成的连续波浪图案，向行进方向奔涌而去，连接起街道和前地，分散各处的建筑物在它的支配下共同构成完整的游览路径。

"世遗线"的形成也带来了周边地区的改造问题。在处理一些相关问题时，政府积极推动公共机构、私人企业和居民共同合作及参与，设立具有广泛代表性的"旧区重整咨询委员会"，避免实施大规模拆迁；重视商业活力的孕育；培养多层次的消费结构。

被政府和当地居民视为"珍宝"的建筑物中并未被高墙阻隔，它们大多向公众免费开放，与人群和街道融为一体。拥有400多年历史的巴洛克建筑玫瑰圣母堂，同时也是举行全城音乐会场次最多的教堂。而澳门的地标性建筑大三巴牌坊，则是室外摇滚音乐会、拉丁大巡游的重要舞台。为了更好地管理和保护历史城区，澳门政府还对一些历史建筑采取了收购产权的方式加以接收，并规定若业主出售受保护的建筑，政府具有优先购买权。2001年特区政府通过换地的方式获得了郑家大屋的业权，如今它已是"世遗线"的一部分。

申遗至今，澳门历史城区在保育中发展，在发展中保育，帮助提高了澳门在世界范围内的知名度，也带来不断增加的观光客人数，2005年观光人数仅1 870万人次，截至2012年已达2 800万人次。

5.6.2 问题及现状

在走访中我们发现该区域主要承担居住功能，其中房屋的建筑质量普遍较差需要修缮，高度虽然并不高，但街道剖面的楼高与路宽比值却较大。在老旧的街道中，居民楼主要以"围""里"（"围"指口袋状巷道，"里"指可穿越的巷道）的形式相互组合，在这种极为密集的居住模式下，巷道显得较为私密。能满足居民休闲活动的大的公共开放空间虽然环境优美却有一定距离，例如白鸽巢公园，又或者像大炮台公园，因抵达路线与观光客活动密集区有交叉，可达性低。社区中小的公共开放空间显得少而分散，且由于用地紧张，大部分与垃圾站结合布置，舒适度低。道路狭窄和停车分配不足降低了整个区域的步行舒适度，而仅有的一些空地也塞满车辆。社区内人口老龄化严重，家长们选择带着孩子搬离这里，但许多付不起高租金的务工青年会租住在此。

另一方面，由于观光客的路线和居民功能性路线存在交叉和重叠，未经规划的混合使它们相互干扰。观光线上的许多历史建筑和遗迹由于入口不明显、旅游咨询服务不足、位置偏僻等原因并未得到良好的使用。

繁华的特产商业街穿过原本的居住区，将必然导致观光路线与社区生活间的交叉。这个影响对当地居民而言是否积极？它的"边界"在哪里？当社区成为了背景布的存在，观光客的活动与生活在世遗沿线居民的生活模式又有着怎样的关联？

1. "社区"的"边界"研究

为了寻找问题的答案，我们有意识地跟随观光客的路径，发现在"世遗线"及其周边片区，底层商铺的类型在观光客集中的区域和当地生活区域有着明显的差异。因此我们认为，某个区域的属性，是更为社区性或是观光服务性，可由底层店铺的偏向来定义。我们将底层商业店铺分为三种类型：第一种是社区服务类，例如诊所、生鲜店、宝宝督课中心等，这类商业仅服务当地居民，而观光客很少使用；第二种是双向可用类，例如餐馆、便利店等，这类商业既服务当地居民也服务观光客，两种人群可以在此相遇；第三种是观光购物类，例如特产店，这类商业仅为观光客服务。当一个区域分布更多第一种类型店铺时，我们则认为这个区域更加偏向社区化；分布着更多第二种类型店铺时，则认为这个区域较为中性，可以被轻微施加动作而重新定义属性偏向；分布更多第三种类型店铺时，则认为这个区域较为观光服务化。

将店铺类型整理并绘制成图后，我们可以从中找出一个大概的"边界"（过渡带），例如关前后街和草堆街交接的区域、花王堂街靠大三巴段和十月初五街靠沙梨头段，它们在图中都是三种颜色均有分布且橘色较多的地带，属性上较为中性。我们将它们所包围的区域定义为"社区"，而与其相对峙的则是代表了观光客及其相关产业的非居民力量。

在这个体系内，我们可以证明"社区"确实无可避免地被"世遗线"所延伸出的观光带入侵着，当这种入侵未经控制，其中的许多边界地区将显得十分消极。以关前后街为例，它作为十分明显的边界地区，由于观光服务类店铺在这里由密集开始逐渐消失，人流量下降，街道开始偏向社区生活化，使得喜欢跟随人潮的观光客感到偏僻而在这里折返；同时这里的居民也认为这段街道已经开始受到观光客的影响而不选择从这里经过。所以，当"边界"区域未经整理和归纳时，它既不被当地居民重视也不被观光客所喜爱。

2. "社区"内现状

为了寻找优化边界地区现状的方法，我们首先深入到之前定义的"社区"当中。由于不同社区中人群的构成有所差异，这也是导致人的行为模式和需求不同的原因。所以我们挑选了几个比较有代表性的街道进行了进一步调查和研究。

我们在工匠街、十月初五街、烂鬼楼巷、草堆街、果栏街、花王堂街和大三巴街七个地点进行了同一时间的取样调查，分别统计了人流量和人流组成。从人流量统计数据中可以看出：街道每小时的人流量大致由大三巴景区向居民较多的居住区有递减趋势。大三巴街的人流量最大（游客密集区），花王堂街次之。十月初五街和工匠街的人流量较其他居住区街道而言有所增加。

我们将人流的组成按年龄层次分为老年、中年、青年和儿童。由统计结果可知：社区的中老年人的比例大约占60%以上，总体趋势呈现出明显的老龄化。老龄化程度由世遗景区一侧向社区居住区内部逐渐加深。青年所占比例较少，儿童比例最少。通过对街道的人群组成的调查，可以发现各个不同街区的偏向属性：工匠街、烂鬼楼巷的属性是偏向于社区服务化的街区，而大三巴街则是偏向于观光服务化的街区，其他几条街区则较中性。

要探求社区中不同人群需要的公共空间，首先需要了解各种人群的行为模式和生活习惯。因此，我们找到一些社区居民，对其进行了访谈。由于社区老龄化现象比较严重，所以我们重点采访了社区中的中老年人。社区内的老人除了买菜、做饭、接送小孩上学外，闲暇时间大都和自己的一众好友聊天娱乐。从访谈中得知，对于老年人而言，他们退休后并不喜欢在家里闲着，而是想要出门结交更多的朋友，认识不同的人，让自己的老年生活不枯燥无聊。有的喜欢去麦当劳或者娱乐中心坐着聊天；有的喜欢约着伙伴去白鸽巢公园或者大炮台公园上跳舞打太极，或者做些简单的运动，活动筋骨；有的喜欢聚集在社区的棋社或者文体娱乐会所打麻将、下象棋、看报纸；有的周末会去家长会或者街坊会里和其他家长一起做做手工，上烹饪课程，然后把这些手工艺品卖出去，贩卖所得的钱捐助给爱心基金会——赞助贫困儿童上学；有的喜欢一群人一起去沙梨头中学听戏曲。由此可以看出，中老年人更渴望一种彼此陪伴、群聚的交流空间，而不是闲在家无所事事。同时我们也采访了几个青年人。这里的青年人大多是因为租金便宜而租住在这块片区，在和他们的交谈中，我们了解到大部分青年人的上班时间是在早上九点到下午六点，少数人在赌场或者酒店上夜班。下班后或者周末假期，他们会和朋友聚在家里玩桌游聊天；而上夜班的人群下班后会吃点夜宵果腹。青年人中除了澳门本地居民外，东南亚人群也占据了较大比例，他们需要一些提供招聘工作的中介为他们谋求工作机会。并且，通过采访家长，我们了解到社区中的儿童在周一至周五上课时间几乎不出门玩耍。由于社区中缺乏儿童游乐活动场所，儿童在周末一般会去较大的图书馆或者青少年宫之类的场所活动。

大致了解了社区人群的组成和行为模式之后，我们开始去寻找社区中不同人群所需要的公共空间。我们根据所选取的区域范围，找出目前区域内已有的可以休息停留、交流沟通或者健身运动的公共场所。

已有的公共空间主要有以下三类：

（1）面积小于 20 m² 的社区活动中心：配套一些健身器材，几个简单的座椅，配备一些绿植和遮蔽的树木。且大部分的社区中心和社区的垃圾回收站布置在一起，方便居民倒垃圾。这些社区中心面积小，且布置分散。平时中老年一辈的街坊邻居会在这里闲谈交流，健身器材很少有人使用，青年人一般不喜欢来社区中心，会去健身机构运动。

（2）较大的公园和前地：大炮台公园、白鸽巢公园和康公庙前地。白鸽巢公园和康公庙前地的配套设施较为齐全，种植较多树木，并有较多座椅供人们休息交流，有较大供健身运动的空地。傍晚的时候会有居民在这里休息、遛狗。来此的人群也主要为中老年人。而大炮台公园由于游客过多，居民流线和游客流线相互交叉混合，较少有居民愿意去那里活动。

（3）娱乐休闲场地：白鸽巢公园旁的休闲中心（设有麦当劳、娱乐场和溜冰场）及酒潭巷的聚龙棋社和工匠街附近的文娱体育会所。白鸽巢公园旁的休闲中心属于投资商投资建设，娱乐设施较为完善，但奇怪的是这里并没有吸引到年轻人活动，而大部分是老年人在此闲谈。社区里的棋社和文娱体育会所则是居民自发建设，更贴近居民的生活，居民更愿意聚集在这里，老年人尤其喜欢在此打麻将、下棋。从调查结果来看，目前配备的社区公共空间数量较少，而且相距较远，居民交流活动缺少场地，且社区公共空间可活动的区域较小，缺少活力和吸引力。目前仅有的公共活动空间大部分只有老年人使用，而难以吸引到青年人和儿童。

3. 观光客活动现状

观光客主要分为自由行和团队游。团队游人群的观光路线大都沿着澳门世遗路线走，从议事亭前地出发，一路经过圣玫瑰教堂等一系列世遗历史建筑和特色建筑，最后到达大三巴遗址前合影留念，然后结束行程折返回去，很少会穿越居民居住街区。自由行的旅客大部分是按照自己的喜好，无固定路线地游览。有些是慕名世遗路线上的历史建筑而来；有些是冲着商场的优惠折扣而来；有些是喜欢探寻当地原汁原味的特色小店而来；有些是喜欢观看当地居民的生活状态而来。而在观光客中自由行的比例远大于团队游。这些自由行的旅客有可能会不经意从某个小巷或者岔路口侵入居民的生活区域，导致游客和居民活动的交织。

目前观光客所需的公共空间主要有以下三种：

（1）休息停留的场所：一种是大型的广场，像议事亭前地、板樟堂前地和耶稣会纪念广场、白鸽巢前地和康公庙前地。前三者是观光客在世遗路线上必经的休息点，议事亭前地和板樟堂前地均覆盖有大树，树下有休息的座椅。但因人流量过大，观光客停留的时间很短。大三巴前的纪念广场则聚集了最多人群，他们大都在三角形的平台上休息停留。白鸽巢前地和康公庙前地的场地较大，配备的休息空间较多，然而由于指示牌不明显或者路径不明确等原因，很多观光客并不会到达这两个地方，对其利用率不大。另一种是小型的休息平台：哪吒庙旁的空地、快艇头里台阶上的休息平台，这两者的位置都较为隐蔽和偏僻。哪吒庙旁的空地只有部分在参观哪吒庙的旅客会停留，而对哪吒庙不感兴趣的观光客不会途经此处。快艇头里休息的平台被发现的概率更小，到此的多数是从白鸽巢前地和花王堂参观完无意间发现此处，走累了才在此休息，大部分观光客并不会走到白鸽巢，故而不会发现这一休息点。

（2）有吸引力的店铺：一类是分布在世遗路线上的手信店、折扣店和特色小吃店。这类店铺处于观光客必经的路线，所以人流量较大。另一类是分布在其他街道上的特色店铺，如十月初五街的黄枝记、果栏街的洪馨记椰子雪糕店等大都是网上好评推荐的店铺。但由于位置偏远，指示牌不明确，很少有人会至此，多数都是半路寻不到而折返。与这些偏僻的传统店铺相比，俊秀围改造的文创街则吸引了不少观光客。其通过当地特色的"围里"这一形式，加入了传统中国特色的元素，结合现代商业化模式，打造出文创一条街，并通过网上宣传手段吸引大三巴的游客，在假期和周末客流量显著增加。

（3）公共厕所：一类是政府规划的社区公厕，如木桥街小巷子里及草堆街的擔桿里的公厕。这类公厕位置都较为隐蔽，路牌指示不明显，且分布距离较远，观光客不宜寻到。另一类是麦当劳等饮食店里的公厕，这类厕所对游客而言更为便捷。整体来看，片区的公厕数量过少，设置位置不够合理，给游客带来很大的不便。当前观光客可休闲停留的公共空间功能单一，分布较为零散，没有系统的组织和规划，缺乏吸引力。除了传统的饮食特色小店和手信店，店铺的丰富度不够，路牌指引性较弱，不能正确指引观光客找到特色小店，容易使其丧失原有的兴趣和激情，最终原路折返。

5.6.3 构想及策略

1. "灰"区的概念

"社区"的边界研究可以证明,观光客正"入侵"着"社区"。我们称"社区"为"白",而观光客为"黑",它们之间缺乏过渡空间(也就是"灰")而直接结合。许多能够展示当地文化和历史的店铺和展馆也没有一条规划清晰的线路串联,观光客(大部分自由行的观光客才会来到这个区域)只能通过"漫游"的方式进入这个区域。

这种情况将导致想要体验当地生活的观光客直接进入到较为私密的纯居住街区,却并不能在那里得到归属感和丰富的游览体验,他们因此折返,放弃寻找那些店铺和展馆。观光客无目的的"漫游"也让真正需要客源的场所显得冷清,例如位于草堆街80号的游人寥寥的中山行医馆旧址博物馆。另一方面,"社区"内的当地居民也因观光客的"漫游"而受到影响。有些"围""里"内的居民并不欢迎拍照的观光客,很多时候也会绕开观光客较多的街道。访谈中大部分居民不希望街区内游客量再增长。

在现有的"社区"模式中,居民和观光客并未建立起良好的联系,而两者间本应有更为积极的互动与交流。

2. 反转机制策略

在思考关于激活"灰"区的策略时,我们发现当地节庆文化是影响居民的一个重要元素。在一年当中甚至每个月份都有节庆活动。其中有传统节日也有西洋节日,还有一些近年来发展的文化宣传类节日,它们各具特征,对于空间的需求也不尽相同。但是我们通过图示将各类节日的活动方式与空间分布进行对照,发现它的范围和"灰"区能够重叠,也就是说节庆的行为可以被附加到"灰"区的环形边界上。但是节庆行为始终是短时性行为,所以我们还考虑了它的日常演绎,也就是这些为了节庆而设计的空间模式,也应该有日常的一面。

这个反转机制包含以下策略:

(1)选取合适的布点位置:首先我们寻找出"边界"上和"社区"内可能的"灰"空间,这些区域对"社区"和观光客都有潜在价值,可以是空地、街角店面或者历史建筑。

(2)置入交互功能的构筑物:根据"社区"和观光客的不同行为模式和需求将其改造为具有"过渡"意义的空间(可以更偏向"社区",也可以更偏向观光客,但对两者皆有价值),它可以是商铺、小的公共建筑,甚至某种装置。

(3)路径连接:我们将添加一条新的观光客的"社区"体验路径,它对爱好体验当地生活的自由行观光客有足够的吸引力,他们可以尽可能多地经过富有生活化场景的店铺、展馆、装置。同时,"社区"的外向公共空间也将沿着这条路径生长,发生在这些空间的活动适合被观看或者一起加入。观光客和"社区"在这条路径上相遇,遇见街道文化和当地生活,如一些非物质性遗产:戏曲文化、宗教文化、打更文化以及特色的食物做法等。

3. 反转机制载体及功能

根据观光客和当地居民的需求,可变动的装置将成为主要的"灰"空间被置入,再根据不同人群的行为模式附加对应的功能。而这些用于在"社区"和观光客间提供交互的"灰"区又有着不同的等级和倾向,有的更倾向于"白"所代表的"社区",有的则更倾向于"黑"所代表的观光客；有的具有很大的辐射半径，属于活跃的吸引空间，有的则只辐射周围的小片区域。

我们采用访谈法进行行为需求调查，试图据此来确定附加功能应该是什么。

"社区"中占最大比例的是中老年人群，他们的行为模式也最为多样。街坊会是这个群体主要的交流活动平台，长期举办例如书法比赛、戏曲交流会、手工、烹饪等活动，参与者主要是社区内退休的老人和周末闲暇的中年妇女。孩子学校的家长会也是中老年人群交流的一种方式，他们会举办一些爱心活动，一起制作爱心商品并售卖出去，用以资助珠海家庭贫困的孩子。很多老人也会选择去街区内的一些棋牌室（多是开放的铁皮棚屋）内和朋友一起打牌聊天，还有老人会去沙梨头图书馆读书看报，或者去白鸽巢公园和大炮台公园跳舞，或者去麦当劳、茶餐厅和游乐场蹭空调。老人们在访谈中表示，他们最需要的是可以和朋友一起聊天的空间。

青年人群中有一部分是澳门人，他们都在附近工作，因为租金便宜而租住在此。访谈中青年们表示有空的会去朋友家一起玩桌游，或者下夜班的会去吃夜宵。还有很大一部分青年人来自东南亚，他们需要提供可以交流雇佣信息的场所。

街区内的儿童并不多，访谈中家长表示社区内可供玩耍的场地太少，周一到周五一般不会带小朋友出来活动。

根据上述访谈我们可以基于 24 小时的便利超商提出一些可附加的功能：①舞厅、桌游室、招聘信息站、血压站；②图书馆、手工教室、戏台、运动场、茶餐厅；③小物售卖、猫屋。①到③的功能逐渐从社区服务偏向观光服务，但它们都是可交互的共享空间。

5.6.4 结语

这些提供了便民服务和活动场所的构筑物将随改造进程在"社区"中逐渐出现，而生活在这里的每一个人都与之有关。每当节日时，它们会被居民利用而改变原有空间的模式，在平常也将改善日常生活。居民会开始参与到社区营造中，同时观光客也能够加入。他们可以在手工教室内和社区的老人一起制作当地的小物作为慈善商品，而另一些观光客会驻足观看并买走商品。

每个空间都与它附近的人群和街道特征相符，有些会结合空地被改造成运动空间，有些会结合老店成为顾客排队等候和吃饭的地方。它们在白天成为"街道芭蕾"的舞台，承载丰富的生活化场景，在夜晚又成为"社区"里面的路灯，照亮人潮散去后的街区并服务夜班工作者。许许多多的故事会在这些新的空间中发生，当地居民和游客都是这些故事的主角。在这个系统中，居民的隐秘生活会被保护，而公共的生活将被展示，并以非物质的形式成为"世遗线"上的景点。

5.7 重塑"围里"内向性空间——大三巴片区传统社区改造与更新

学生：黄玉玲 李杰　　　　　指导老师：费迎庆

5.7.1 旧城区内"围里"概况

1. 产生与发展

16世纪中期，葡萄牙人来到中国南端的澳门半岛并在半岛中部着手建设城市，到了18世纪，已经把澳门变成一个如里斯本一般的中世纪城市，兴建了完善的炮台、城墙，以及大量的教堂、广场等公共建设，这些均带有明显的西方城市形态特征。19世纪末，葡萄牙人拆毁居留地的界墙、城门，中国传统的里巷城市形态与西方外向型城市的融合更加明显。

在这460多年中西文化的碰撞交流中，澳门逐渐形成一种中西合璧的城市形态，既带有鲜明的西方中世纪的城市外向性特点，又具有中国传统里巷空间的内向性特征的围里形式。澳门历史城区沿山脊线兴建，由序列的地标建筑及广场形成一条线性的空间走廊，街道沿着等高线或山坡发展，构成城市街廊的基本架构。在这样的架构下，被街道包围的城市街廊再被巷弄细分为配合单元出入的动线系统。另经过多年的填海造地，该地区慢慢发展出由"街""围""里"连接形成的高密度肌理。至此，"围"及"里"成为澳门两种由巷或弄形成的都市肌理类型，是构成澳门历史城区的建筑组合与小区关系的最基本组件（图5-79）。

2. 分布与类型

作为澳门最小一级的街道单位，"围"和"里"在这460多年间以大三巴、大炮台构成的世遗线为轴线，随着澳门填海造地工程，逐渐向外扩张。

通过查阅资料和实地调研后，我们知道，早期的"围"和"里"的宽度为1.2～3m不等，周边的历史建筑物大多呈长方形，是一种宽约4m、长约8m的中式传统街巷建筑。它们通常是两层高的下铺上居的形式，房子后侧通常会留有一个小的天井空间，方便透

澳门

澳门本岛

澳门旧城区

图5-79　区位分析图

光和通风，并作为服务性空间。建筑多以两侧砖石墙为承重结构，木桁条和灰瓦为屋顶。这种肌理形态，使其各自形成自给自足的小区，成为一种重要的、具有澳门特色的邻里单元（图5-80）。

我们在调研中发现，很多"围""里"在巷道尽头或者转折点，设有供奉土地公的神龛，这成为社区内部居民聚集交流的一个媒介。"围""里"内的半公共空间往往成为老人休息交流或儿童嬉戏玩耍的地方。

"围"和"里"是澳门最基本的组件，两者之间，在早期存在明显的差别和界定，这种差别主要体现在空间形态上，"围"多是口袋形空间，即"围"一般只有一到两个出入口，建筑朝向灵活；而"里"的巷弄一般有贯通的，一般有两个出入口，有时会有三到四个出入口，建筑朝向单一。但随着澳门历史城区的不断建设发展，"围""里"的形态特征也发生了很大的转变，"围""里"的界限，也在慢慢地模糊化、趋同化，就功能而言，"围"和"里"是混合使用的。

"围""里"的形式有很多，根据其内部巷道的特点，主要可分为直线型、转折型、分支型和综合型。

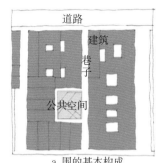

a. 围的基本构成

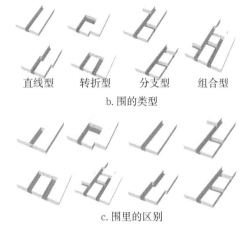

直线型　转折型　分支型　组合型

b. 围的类型

c. 围里的区别

图 5-80　围里示意图

3. 空间特点

因为历史原因，澳门早期"围""里"受到西方城市形态和中国里巷形式的共同影响，使其形成了具有外向性和内向性特点的城市形式。

（1）外向性。葡萄牙对澳门的殖民式统治，使其旧城区的"围""里"受到西方外向的空间取向的影响。澳门历史城区内的很多社区，均采取中世纪城市的模式，建筑沿街排列，底层商业，二层以上为住宅，形成界面完整的外部空间，并成为各类城市公共生活的重要场所。

（2）内向性。澳门的"围""里"内，建筑向着街区内部的中心排列，形成内向性城市生活空间，居民在巷道空间中有七成左右活动用于休闲与社交，约三成活动用于生活起居、工作或学习、家务类等必要及约束性行为。而由于主要街道的宽阔与次要街道的狭窄之间形成的一般对比关系，使游客不由自主地寻找并信任那些主要的、宽阔的街道，这些深入街坊内部的小型里巷常常因为其意象模糊而排除了外人内进的冲动。在澳门"围""里"街坊形式内，"街—巷—院落"三个层次组成了从动到静，从城市公共空间到社区公共空间，再到家庭公共空间和最终的个体私密空间的完整空间体系。

"围""里"外向性主要针对其他社区的居民或者游客，"围""里"内向性主要服务于社区居民的公共活动。

但是，伴随着旧城区的更新改造及人们需求的改变，澳门旧城区的"围""里"，虽然仍然保持着原有的地块形式，但大部分建筑都已被重建为多层，巷道宽度不变，两边建筑的拔高，使得 "围""里"独有的形式比例和空间质量也随着建筑更替的发展而逐渐消失，"围""里"内向性缺失。"围""里"内开放空间和"围""里"内居民日常需求的矛盾，也愈来愈尖锐（表 5-2，图 5-81）。

5.7.2 "围里"现状与问题

表 5-2 中国传统城市与西方中世纪城市主要生活空间比较

	中国传统城市中主要的生活空间	西方中世城市中主要的生活空间
主要活动空间	庭院	街道、广场
作为空间界面的建筑	由一种类型建筑的不同部分组成	由多种类型的建筑组成
空间性质	半公共或半私密空间仅对特定群体开放	公共空间 对城市所有人开放
活动类型	相对单调，活动受限制	多姿多彩，活动自由
空间取向	内向性	外向性
图式 ■ 建筑 ▨ 活动场所		

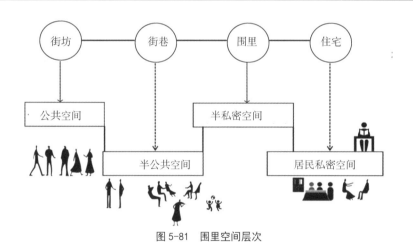

图 5-81 围里空间层次

1. 社区组合型：玫瑰里、西瓜里和高楼里片区

玫瑰里、西瓜里和高楼里所组成的片区，紧邻大三巴，从大三巴下来的游客，视线被关前正街前的店铺阻隔，使得游客路线中断，片区与大三巴割裂开。

片区沿着三条主要道路，形成三个社区，片区整体呈三角形，三个社区围合，使中间形成一个天然的公共空间，片区内建筑最高为七层，高度由高到低，指向空地所在区域，建筑开窗均朝向空地位置，空地所在的公共空间成为视线聚集点。早期空地是片区内居民的活动空间，是三个社区的联系纽带（图 5-82）。

由于片区内的加建、扩建，空地内被各种铁皮屋占据，加之居民随意停车，空地狭窄、混乱。居民的公共活动空间和交流空间，转移到破旧生锈的铁皮屋内。

由于游客视线被遮挡，片区内"围""里"的外向性不足，保证了社区内的私密性，但是却失去原来尺度宜人的特征。

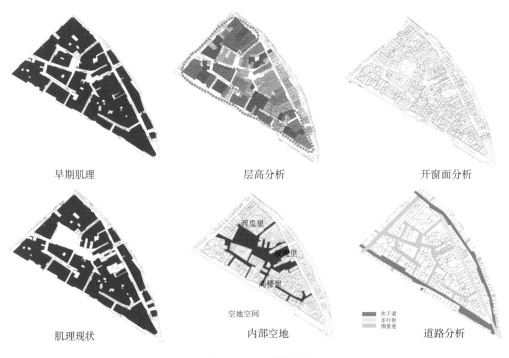

图 5-82　玫瑰里社区分析

2. 转折型：蠔里及周边巷道组合和永福围片区

蠔里位于旧城区的西北部，整个街坊的形状呈不规则的五边形，五条边均邻接繁忙的街道。早期的蠔里，肌理完整，由三条非常狭窄的小巷分别从大码头街、果栏街、烂鬼楼巷伸入街坊内部，汇聚于中央的小广场处。由于巷道和主要道路尺度的对比，使得蠔里周边道路虽然繁忙热闹，但居民内部的隐私得到了很好的保护，内向性强烈且明显（图 5-83）。

图 5-83　蠔里建筑演变

现在的蠔里由于建筑老旧倒塌或者人为推倒，部分建筑被拆除后变成了新的多层集合公寓和小型公园，其他的一些建筑则因为区内人口老龄化而被空置，正在逐渐消失，导致蠔里整体肌理破碎，入口空间因为空地而拓宽，内向性减弱（图5-84、图5-85）。

蠔里周边的社区模式是典型的现代巷道组合模式，大多为新建建筑，周边街道繁华，人流、车流较多。社区内没有相应的活动交流空间。社区内仍遗留着还没兴建的废弃空地（图5-86、图5-87）。

永福围位于澳门历史城区的中心部分，紧邻白鸽巢公园和花王堂。围内存在6 m的高差，相当于两层楼的高度，建筑依地势高低，分为上下两层。周边有两条主要道路，一是以游客为主的花王堂街，二是以居民为主的果栏街。可以说，永福围是居民和游客沟通的一个节点。再加上永福围是澳门历史较为悠久、保存较为完好的

早期蠔里肌理　　　　　　蠔里肌理现状

图5-84　肌理对比

图5-85　蠔里现状肌理分析

图5-86　左：道路　右：基地内空地铁皮屋

图5-87　蠔里周边社区模式

图5-88　永福围剖面示意图

围里，使其具有极大的旅游价值（图5-88）。

通过永福围片区早期肌理，我们可以看出，永福围内居民的主要公共空间，为依地势向下的台阶和宽敞的巷道，居民日常活动均在此进行。入口空地的退让，给游客留出一个明显的入口标识，体现了永福围内公共空间是为居民和游客的共享活动空间（图5-89）。

但我们在实地调研的时候，发现永福围内人气不足，本地居民很少会在公共空间活动，游客也少有进入。通过我们的访谈，得出以下结论：造成永福围内活力不足的主要原因有两点，一是因为建筑老旧，对游客吸引力不足；二是因为居民老龄化严重，围内的6 m高差和楼梯的陡峭，给老年人日常活动带来不便。

图5-89　左：永福围片区早期肌理　　　右：永福围片区肌理现状

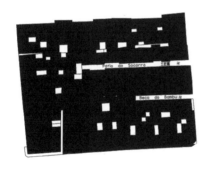 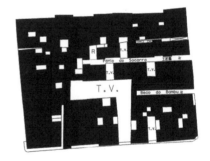

图5-90　左：早期工匠围肌理　　　右：工匠围肌理现状

3. 直线型：工匠围

工匠围紧邻白鸽巢公园和花王堂前地等热门景点，游客数量较多。且工匠围前面的沙兰仔街，为大三巴历史城区内部主要巴士道路，大型车辆多，噪音影响大。由于游客入侵，居民对隐私性的要求，导致工匠围虽然紧邻白鸽巢公园和花王堂前地这样的公共空间，却只有少部分居民到白鸽巢公园和花王堂前地活动。

工匠围相比其他围里，围内更加凸显高密度社区的特点——建筑密度高、人口多。社区内部，天井为居民日常主要的活动交流空间。因此，工匠围的社区活动的现状，是小范围、仅局限于相近几户的交流活动（图5-90）。

人口多、需求高、空间少，是工匠围内部社区居民与社区活动空间的主要矛盾点。

4. 总结与建议

前面调研了四个"围""里"的基本信息，下面我们从原有肌理、原有空间特性、居民性质和需求，以及可改造空间进行总结，绘制表 5-3。

表 5-3　四个"围""里"基本信息总结表

	工匠围	玫瑰里社区组合	蠔里及周边巷道组合	永福围社区组合
原有公共空间	天井，白鸽巢花王堂	中心空地空间	天井，转角小绿地	入口大台阶，天井
体块示意				
剖面示意				
公共空间私密性	围内私密性强，围外私密性弱	私密性强	弱	较弱
居民性质	老人、商户	老人、儿童	商户、青年、儿童、老人	老人、商户、儿童
居民需求	休闲，运动，绿地公园	棋牌，休闲聊天，阅览，儿童嬉戏	运动，休闲聊天，儿童嬉戏	阅览，棋牌，儿童嬉戏，休闲聊天
可改造空间	屋顶	中间空地	空地	老旧建筑

基于上述的调研和分析，我们认为，政府在对澳门历史城区的城市更新改造时，应该关注"围""里"的活化改造和社区建设，保护澳门特有的城市形态，保障社区居民对社区内部活动空间的需求。我们认为：

①对旧城区的更新优化，应该从澳门最基本的城市肌理入手，即澳门的"围"和"里"。

②对"围""里"的更新优化，要从居民的需求入手。特别是老年人的需求，为他们构造一个舒适的公共活动空间，激活"围""里"。

③针对不同类型的"围""里"的公共空间现状，采用不同的建筑设计手法，对"围""里"进行优化改造，在保持"围""里"外向性的同时，重现"围""里"早期的内向性特点——社区的公共活动空间。

5.7.3 具体设计

"围""里"的现状不同，原有的肌理不同，居民的性质和需求也不尽相同，因此，所采取的设计思路和策略也不同。下文将根据前期重点调研区域内的特色"围""里"的结果及所发现的问题，在澳门"围""里"内社区活化这个设计概念的前提下，采取不同的设计思路和策略，活化以下不同"围""里"的社区活动空间（图 5-91）。

1. 工匠围

（1）问题：建筑密度高、人口多、需求大、空间少。

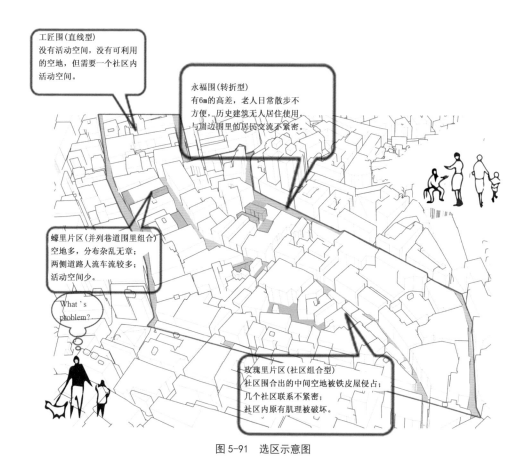

图 5-91　选区示意图

　　建筑密度高、人口多。社区内部，天井为居民日常的主要活动交流空间。人口多、需求高、空间少，这是工匠围内部社区居民与社区活动空间的主要矛盾点。

　　（2）设计策略：屋顶农场，中间楼层贯通

　　通过架空工匠围其中的某些楼层，增加围里内居民的使用空间，建设一些给为老人、青年、儿童使用的空间，来满足居民需求（图 5-92）。工匠围一层为农贸市场，通过建设屋顶农场，增添屋顶的使用率。中间楼层的贯通、屋顶空间的利用、廊道楼梯的连接，使得工匠围形成高低不同的活动空间。

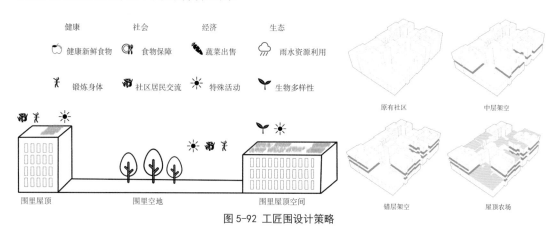

图 5-92　工匠围设计策略

（3）设计结果：屋顶农场，一为一楼的店铺和农贸市场服务，二为社区内居民提供活动空间和绿化空间（图5-93）。

不同楼层的少部分贯通，形成的活动空间根据不同居民类型在贯通楼层布置功能，通过不同的楼层达到活动空间的分隔（图5-94）。室外设置的楼梯，用于连接不同楼层的活动空间，让老人、儿童及青年的活动空间既分隔又有一定的联系。

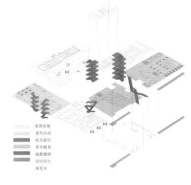

图 5-93　屋顶农场

图 5-94　工匠围设计结果

图 5-95　蠔里设计结果

2. 蠔里及周边巷道组合

（1）问题：居民交流不紧密，公共空间噪音大，私密性弱

基地内有许多旧建筑拆除剩下的空地，且社区公共空间较少，居民有心想要交流，但却碍于没有交流的空间，挤在破损的铁皮屋下打牌或在街道上短暂攀谈，各个年龄段的渐渐疏远，使得社区更加需要一些公共交流的空间。

基地内有可利用的空地，那些可作为老人、青年、儿童的活动空间，但是空地面积较小，可利用的空间较小，只能提供一些室内的活动。

（2）设计策略：空地垂直交通交流空间，屋顶横向活动空间。居民楼上有许多可利用且面积较大的屋顶空间，空地建起的竖向空间通过廊道的连接，用屋顶空间过渡。每个竖向空间被赋予不同年龄段人群的活动空间，通过廊道连接，促进各个年龄段的交流，且大的屋顶

设计说明

永福围位于澳门历史城区的中心部分，紧邻白鸽巢公园和花王堂。围内有6m的高差，相当于两层楼的高度，建筑依地势高低，分为上下两层。

永福围是澳门历史较为悠久、保存较为完好的围里。

社区内多为老人，由于6m的高差，对老人日常活动造成一定的阻碍。

针对永福围特有的肌理，利用廊道串联方式，使永福围内拥有三条纵向交通和一条横向交通。将永福围及周边的社区，串联形成一个供多个社区使用的公共活动空间。

改造前后

before

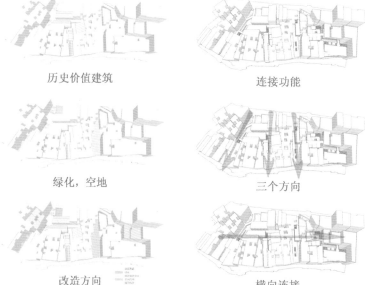

历史价值建筑

绿化，空地

改造方向

after

历史展览与图书阅览区

底层绿化

屋顶花园

连接功能

三个方向

横向连接

图 5-96 永福围设计策略

空间促进更多居民的到来，可制造一个大的公共交流的空间节点。

（3）设计结果：空地上新建建筑和楼梯，达到底层与屋顶的连接。屋顶空间在垂直尺度上远离道路，进而削弱了道路上噪音的影响。在不同屋顶根据老人、儿童及青年的需求，设置不同功能，通过空中廊道连接（图5-95）。

此次设计，解决了该社区不同的社区活动需求，及道路噪音对社区活动空间影响的问题。

3. 永福围及周边社区

（1）问题：高差带来的障碍，片区内联系不紧密，老旧建筑没有活力。

永福围是澳门历史较为悠久、保存较为完好的围里，"围"内还保存着年代较久的老建筑，并且"围"内存在一定的高差。社区内多为老人，6m的高差对老人的日常活动造成一定的阻碍。

（2）设计策略：水平廊道削弱高差，垂直连接，活化老建筑。针对永福围特有肌理，利用廊道串联方式，使永福围内拥有三条纵向交通和一条横向交通。水平廊道的设置，削弱了高差的存在和影响，老旧建筑的活化与新建建筑的设计，将永福围及周边的社区串联形成一个供多个社区使用、功能丰富的公共活动空间（图5-96）。

（3）设计结果：老旧建筑注入新功能，廊道连接水平方向上的各个建筑，新建建筑成为垂直方向上的连接空间。

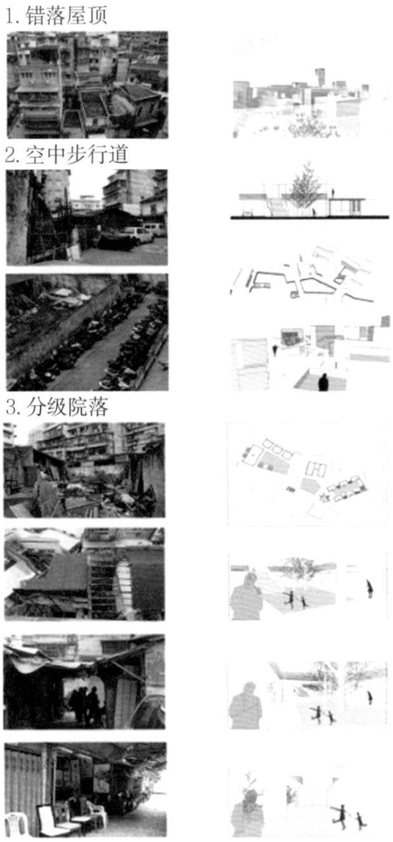

1. 错落屋顶

2. 空中步行道

3. 分级院落

图 5-97　玫瑰里设计策略

永福围及周边社区的社区活动空间相互独立，又相互连接。

4. 玫瑰里、西瓜里及高楼里社区组合

（1）问题：中间活动空间被铁皮屋侵占，杂乱无章。早期玫瑰里片区，由玫瑰里、高楼里、西瓜里三个社区共同围合形成的中间空地，是片区内居民的主要公共活动空间。建筑物沿街最高，指向中间空地，中间空地具有很强的向心性。现在的玫瑰里片区的中间空地被铁皮屋侵占，片区肌理被破坏，居民活动空间不足。

（2）设计策略：错落屋顶花园，空中散步道，分级院落。利用玫瑰里社区内建筑高低错落的特点，优化改造玫瑰里的屋顶空间，形成高低错落的屋顶花园。中间空地内，通过空中散步道的设置，达到垂直空间上人车分流的目的，并进一步丰富社区内的空间层次。并且在中间空地内不同位置设置不同的老人聊天室和社区图书阅览室，围合形成不同大小的分级院落，增加社区内的绿化空间（图 5-97）。

（3）设计结果：水平方向上不同规模的院落，层层递进；垂直方向上空间散步道，人车分流。错落屋顶、院落、散步道，分别对应私密活动空间、半私密活动空间、公共活动空间。

5.7.4 结语

通过对澳门历史城区"围""里"的现状和"围""里"内部居民的活动的调查研究，我们发现，"围""里"是澳门最独特的城市形态和城市肌理，"围""里"的外向性和内向性分别服务游客和本地居民。优化更新澳门"围""里"，必须在保持"围""里"的外向性的同时，重现"围""里"的内向性——社区内的公共活动空间。

因此，根据不同"围""里"的肌理特点和现状特点，在保持"围""里"特点的前提下，根据不同"围""里"内居民的需求，采用不同的方式，达到活化不同"围""里"社区活动空间的目的。这将成为澳门历史城区更新优化的重点课题之一。

5.8 世遗路线分流计划——大炮台斜巷更新改造

学生：陈晓婷 潘安安   指导老师：费迎庆

5.8.1 现状分析

大三巴，位于澳门半岛中部，指大三巴牌坊周围地段。包括牌坊东侧的大三巴斜巷、前面的石级，西侧的大三巴右街及其西面的恋爱巷、圣方济各斜巷、日头围、棕榈叶围、茨林围，以及大三巴街的一部分。大三巴地区高差特别大，道路狭窄。人流大多按照世遗旅游路线到达大三巴。

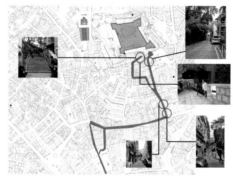

图 5-98 现状分析

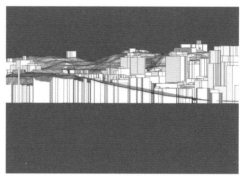

图 5-99 剖面分析

图 5-98 是葡萄牙领事馆至大炮台的路线分析，图 5-99 分析显示这段 200 多 m 的道路高差达 42.9m。为了营造舒适的步行条件，提出在该道路沿线设置人行自动扶梯慢行交通系统。这一条路将自由行游客、旅游团和本地人分散往新的路线，途经葡萄牙领事馆、大炮台即可看到大三巴。而旁边的建筑会重新布置一些休闲点，再加上澳门的历史和大三巴的历史，这样就能将自游行游客、旅游团和本地人吸引到这条路上。

图 5-100 拟改造路线基地剖面分析

5-101 拟改造路线现状分析

图 5-100 与图 5-101 是另一条我们想改造的路线分析图，从图 5-100 上还是能看到高差的问题。其中沿线有一块未建基地，计划在其上建设更有趣的建筑。将新建筑室内做成澳门和大三巴的展览，游客从楼下乘电梯上来，还可以从一个建筑走到另一边建筑，让他们体验更有趣的空间。

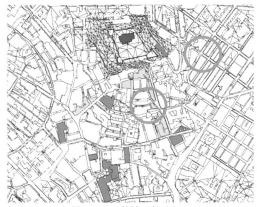

图 5-102 基地现状分析一

图 5-102 中绿色是景点，黄色是需要改造处，蓝色是需要重建处。图 5-103 就是图 5-102 中蓝色区域，是我们需要重新建的建筑，建筑外观采用了绿色涂层铝板。内部一处造型很有张力的杏仁形楼梯联系展区上下交通（图 5-104），将观众带往艺术世界。展厅以白色的中性色彩为基调。主要展厅层高达到双层以上，建筑师在顶部天花采用了白色的灯笼面料做成造型美观的曲面墙，让天花柔和均匀地进入展区。在这个以展示瓷

图 5-103 待建建筑

图 5-104 待建建筑室内

器和工艺品为主的画廊中共有 5 个展览空间，每个展览空间的规模不同，且自然光都以不同形式得到呈现。

图 5-105 黄色的区域只需要将一层商店改成休闲吧或者咖啡厅，把转角店的墙打通，扩大视觉空间，可让人看着更舒服，还可以让游客在两条不同路线同时看到它（图 5-106、图 5-107）。

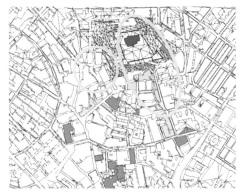

图 5-105 基地现状分析二

图 5-106 改建建筑

图 5-107 改建建筑室内

5.8.2 存在的问题

我们这次城市设计的片区位于澳门半岛，是最能代表澳门的地标——大三巴牌坊。它位于澳门大三巴街附近的小山丘上，是当时东方最大的天主教堂。1835 年，因为它的形状与中国传统牌坊相似，所以取名为"大三巴牌坊"。大三巴牌坊是"澳门八景"之一，位于炮台山下，左邻澳门博物馆和大炮台名胜点，下连 68 级石阶，极其巍峨壮观。该教堂始建于 1637 年，先后经历 3 次大火，屡焚屡建，直至 1835 年 10 月 26 日，最后一场大火将其烧得只剩下教堂正门大墙。大三巴作为澳门最具有代表性的地标，大部分游客到澳门，必定会游览一番，所以由新马路到大三巴的人流不断，平常时间已经是车水马龙，每逢节庆假日，更是堵得水泄不通。

由于我们组有两个澳门学生，他们对澳门的景点也有一定的了解，大三巴附近街区给人的印象就是人很多，所以澳门本地人都不太愿意去大三巴附近。经过这次的调研和现场访问，我们发现从议事亭前地到大三巴的人流特别多，这一小段距离，正常 10 分钟步行可达，但据那么多天的调研，走此段路平均要 20 分钟，而导致人堵人现象的原因，除了原本游客过多，还有就是路上有很多纪念品店，店员们会在门口拉客，把人流吸引到店前。所以我们组就萌生一个想法，可否找到另外一条通往大三巴的路线，从而分流大三巴巷的游客。

5.8.3 路线分流设计

1. 目的与策略

把自游行旅客分流至其他景点线，使之与跟团旅客专线错开，提高当地居民到大三巴的意向。如以卖草地街和板樟堂街的交点作节点，把人流引到板樟堂街，开辟一条新的游览路线，把游客分流到大炮台斜巷，最后到达大三巴牌坊。

由于新的路线途经大炮台斜巷，而大炮台斜巷的高差达到 41m，所以对于游客来讲，我们组认为他们大多数不愿意走此路线，故我们在这条斜坡上建行人扶梯。

2. 路线节点

沿伯多禄局长街，节点有卢家大屋、葡萄牙驻澳门总领事馆、澳门博物馆、澳门大炮台、大三巴牌坊。

由于大炮台斜巷的高差达 41m，所以建立行人扶梯系统这一举措势在必行，因有扶手电梯再加上沿途的历史景点和新的节点，便会吸引游客行走新的游览路线，在新的路线中，游客可以在扶手电梯里观赏沿途的风景。扶梯的另外一侧为人行楼梯，游客在搭乘扶梯过程中看到有意思的风景，可以在最近的扶梯转折点步行过去。

（1）卢家大屋：又称为"金玉堂"，位于大堂巷，是澳门 20 世纪初商人卢华绍（卢九）的住宅（其私家花园卢廉若公园为澳门名胜之一），约落成于 1889 年，是澳门极具价值的中式建筑物，也是澳门历史城区的一部分。现由文化局管理修复，部分已对外开放。

（2）内部风景：卢家大屋是澳门著名商人卢华绍家族的旧居。据屋内左次间天井檐口的题诗年份显示，卢家大屋约于清光绪十五年（公元 1889 年）落成。大屋以青砖建造，仿广州西关大屋布局，高两层，为澳门所余不多的较完整的中式大宅建筑。与其他西关大屋一样，卢家大屋装饰讲究。屋内融合中西方装饰材料和手法，既有粤中地区常见的砖雕、灰塑、横披、挂落、蚝壳窗，又有西式的假天花、满洲窗及铸铁栏杆等，两种特色装饰共冶一炉，饶有趣味，反映了澳门建筑风格中西合璧的民居特点。

（3）葡萄牙驻澳门总领事馆：是葡萄牙驻澳门特别行政区的领事机关，位于澳门伯多禄局长街，后作为东方葡萄牙学会会址。大楼建筑经过数次改建，现存的样貌是1939年改建后的成果，属于新古典主义建筑，欧陆气息浓厚。当时，医院的三角形门上竖立了贾尼劳主教的半身像，及后20世纪60年代医院一楼大堂的小教堂被移上二楼，半身像亦随之而移到二楼阳台处。

（4）圣辣非医院：在1975年结业，共经历406年。其址在医院结业曾空置多年，亦曾用作收容难民，及后澳葡政府收购医院旧址并作为澳门货币汇兑监理处办公室。由于澳门回归的关系，葡萄牙政府在澳门设立总领事馆，并于1999年12月17日由葡萄牙总统桑帕约主持启用礼。

（5）澳门博物馆：于1998年4月19日落成并对外开放，由葡萄牙总理安东尼奥·古特雷斯主持剪彩仪式。澳葡政府在大炮台的原址一侧，建起澳门博物馆。现在，大三巴牌坊、大炮台、澳门博物馆三位一体，连同附近的包公庙、哪吒庙，构成了澳门最火爆的历史文化旅游线路，成为游客了解澳门的首选之地。澳门博物馆坐落于大炮台上，葡萄牙人最早的落脚点就在那里，是城市的心脏。

（6）澳门大炮台：在一次台风中，大炮台因失火毁了神学院以及大炮台的大部分建筑，只有教堂的前壁（俗称牌坊）得以幸免。随着时间的推移，围墙内的地盘变成了气象台的驻地，亦成了市民和游客常到的公园，该地点还经常用来举办户外庆祝活动，澳门音乐节的歌剧节目亦曾在那里演出。大炮台位于澳门半岛中央柿山（又名炮台山）之巅，原为圣保罗教堂的祀天祭台，又名"圣保罗炮台"、"中央炮台"或"大三巴炮台"。

（7）大三巴牌坊：是澳门最具代表性的名胜古迹，澳门八景之一，位于澳门炮台山下，左临澳门博物馆和大炮台名胜。葡萄牙入侵澳门后，为传播天主教，建设了圣保罗教堂。因葡语中的"圣保罗"和澳门当地方言中的"三巴"发音接近，因此当地也称圣保罗教堂为"大三巴教堂"。教堂后几经火灾，仅有教堂的前壁留存下来，因其看起来与中国的牌坊相似，故称为"大三巴牌坊"。大三巴牌坊的建筑风格是东西方建筑艺术和传统文化的交融。牌坊的风格是巴洛克式，共分为五层，底下两层为等长的长方矩形，三至五层构成一个三角金字塔形，顶端高耸着一个十字架，下嵌有象征圣灵的铜鸽，同下面的圣婴雕像以及被天使、鲜花环绕的圣母塑像，营造出浓郁的宗教气氛，堪称"立体的圣经"。同时，牌坊亦有明显的东方色彩的雕刻，其中代表中国和日本的牡丹及菊花图案，在全世界的天主教教堂中是独一无二的，因此也是远东著名的石雕宗教建筑。大三巴牌坊虽然已失去教堂的实际功能，但仍然和澳门人的生活息息相关。这里不定期举行各种文化活动，牌坊前长长的梯级正好成为天然的座位，牌坊变成一个巨大的布景，舞台浑然天成。

3. 路线设计

在路线设计上考虑的因素有：由于往大三巴和大炮台的分支路线只靠路牌指引，没有能吸引自由行旅客的商店，所以支线街道大多是小区街道，旅客少有离开主要路线，而当旅客进入支线街道一般会折返回到主要路线或找本地居民询问路线；此外，景点路

新增节点 1：银座广场改造成美食集中地
新增节点 2：拆建中的空地打造成小区休闲中心
新增节点 3：原有的大炮台回廊重新设计成艺术展览馆

图 5-108　新增节点

线的主要对象是旅客，所以当地居民一般不会到主要景点路线，造成主要景点路线的旅客过多，支线使用率不高，本地居民到历史建筑地参观的意欲不大。因此，设计出分流的路线并增加节点来吸引旅客（图 5-108），使得主要的景点线路人流得以舒缓，在当地居民重新使用主要线路的同时，让旅客有多种路线的选择，使得旅客可以悠闲地参观景点和认识澳门的历史文化。

（1）路线 1（大堂斜巷—主教巷—板樟堂街—大炮台斜巷—大炮台山）：活化板樟堂街能够让自游行的游客到大三巴时，可以选择从新设起点大堂斜巷或板樟堂街与卖草地街交点，经由板樟堂街走到葡萄牙领事馆，再走上大炮台斜巷到达大炮台山，便可抵达大炮台花园从 360°观赏澳门城市面貌。

（2）路线 2（议事亭前地—板樟堂前地—卖草地街—大炮台街—史山斜巷—连安巷—哪吒庙街斜巷—大炮台山）：游客从议事亭前地前往大三巴的主要线路时，可在卖草地街与大炮台街的交汇点休息，这时候可以选择往大炮台街方向沿斜坡走上大炮台山（又称"柿山"），此支线上有一个提供游客休息的小公园，游客可放慢脚步感受悠闲舒适的澳门。

（3）路线 3（塔石广场—若翰亚美打街—疯十号创意园—疯堂斜巷—美珊枝街—炮兵巷—大炮台回廊—大炮台山）：引导在塔石广场游览的游客到大炮台山时，可以欣赏到历史建筑和澳门本地的创意艺术区，给自由行或跟团游客带来新的景点路线，同时让本地居民更好地接触新型创意工业与历史城区的新旧融合，重新认识澳门丰富多彩的艺术文化。

（4）路线 4（水坑尾街—荷兰园正街—若翰亚美打街—疯十号创意园—疯堂斜巷—美珊枝街—炮兵巷—大炮台回廊—大炮台山—大炮台斜巷—伯多禄局长街—水坑尾街）循环线：伯多禄局长街（白马行街）和水坑尾街（波鞋街）是澳门当地居民常走的街道，这两条街道分别能连接路线 1 和路线 3 形成一个可以循环的线路，正好可以给予澳门当地居民新的路线选择，既能扩大日常街道使用的版图，又能加深人们对历史城区的认识并有助于当地艺术的发展。

5.9 古街新潮——关前后街萧条的问题

5.9.1 现状分析

关前后街毗邻大三巴牌坊，是内港地区最古老的街区之一。附近还有圣玫瑰及利玛窦两所学校。从大炮台上可以远看到街区的整体面貌。西侧不远处有着对于当地人很重要的祭祀节点——康公庙（图 5-109）。

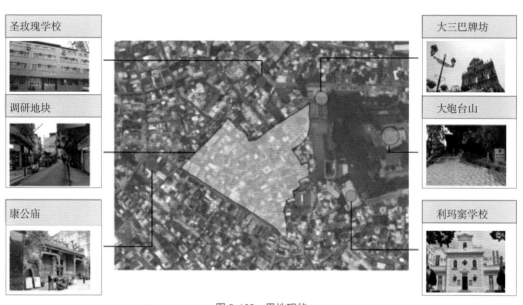

图 5-109　用地现状

1. 用地布局现状

这片街区曾是澳门历史上最繁荣的商业街区（图 5-110），澳门人对它有着特殊的历史感、认同感。但伴随着城市的现代化进程，极具韵味的街巷空间和某些有历史价值的建筑与事件，正淹没在澳门的城市开发之中。在现状的调研中，我们发现该区的面貌不容乐观，部分有历史价值的建筑因年久失修与缺乏管理而衰退；部分原有的特色街巷空间已不复存在。私搭、乱建现象严重，已满目疮痍，存在大量结构破坏严重的危房。基础设施不足，存在大量的安全隐患，这片老城已沦为现代的"贫民窟"。同时，我们对片区交通、环境、人流、

图 5-110　关前后街店铺种类分布

135

空间、建筑质量、景观广场等进行了更加细致的调研分析。

（1）交通影响：基地东侧为世遗线路，人流较大。基地南侧为草堆街，车流量较大，有公交车便于本地人出行。基地内摩托车较多，为本地人主要出行方式之一。基地与世遗路线的大量人流并没有太多互动，虽只有一街之隔但人流量却天差地别。基地内人流基本为当地人。基地内交通并不复杂，都是单行路（图5-111、图5-112）。

（2）环境影响：基地内的街道环境还算整洁，无垃圾。基地内部公共设施缺乏，居住建筑老旧，绿植景观欠缺。片区内不缺商业，但大部分商业萧条。在晚上特定时间有摊点摆摊（图5-113）。

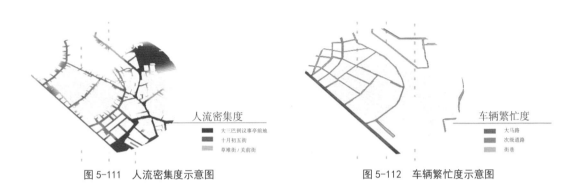

图 5-111　人流密集度示意图　　　　　　　图 5-112　车辆繁忙度示意图

图 5-113　周围环境现状

2. 道路交通现状

基地南侧为营地大街，车辆在草堆街和关前后街交界处进行分流，均为单行路（图5-114、图5-115）。

（1）地上停车：地上停车是基地的主要停车方式，我们的调查发现基地内一些地块

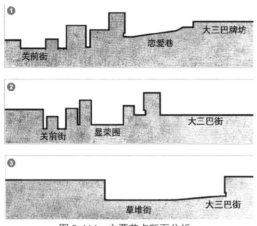

图 5-114　主要节点断面分析

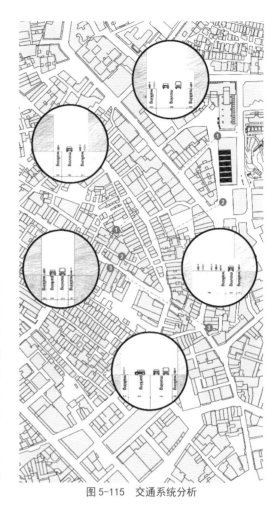

图 5-115　交通系统分析

的停车场布局较合理，但还是不能满足停车需求，以致找不到车位的车主随意将车停在路边或人行道上，影响交通通行。有两处地块的停车场布局合理，也满足要求，但若能增加停车场的绿化，将有利于改善该地区绿化。但是，这两处停车场为私人所有。地上停车主要有三种方式：单侧停车、双侧停车和新马路的公交停车（图 5-116）。

（2）地上停车：地下停车：在所调研的片区内并没有地下停车场。对于没有地下停

单侧停车	双侧停车	新马路停车
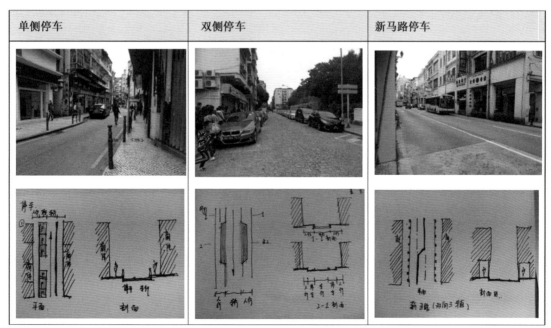		

图 5-116　地上停车方式

137

车场这一点，本组觉得应适当增加一些地下停车场，来缓解地上停车紧张的问题。同时，地下停车场的增加，也会使地表留出更多空间给行人。如图 5-117 所示，我们对营地大街驶来的车辆在关前后街和草堆街的分流情况进行了调查。可见，除摩托车以外的大部分车辆都驶向了草堆街方向。而由于大三巴片区街道的密度极高，所以摩托车其实走哪条路的影响不大。可增加地下停车场，或者将一些车流量较少的街道改为步行街，也可以将局部地块作为停车场进行合理规划布置，并增加停车场绿化率。

3. 人流分析

我们对于在大三巴和关前后街间来往的人流进行了统计，统计结果如图 5-118、图 5-119 所示。

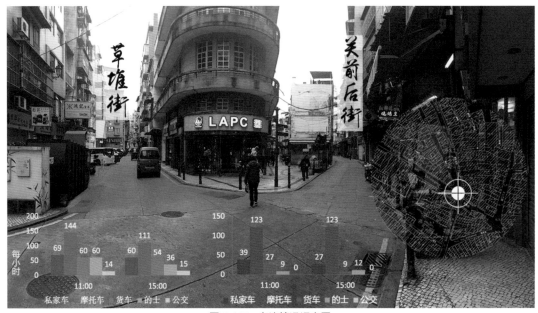

图 5-117　车流情况调查图

大部分游客不会从大三巴街向下走到关前后街，来往的人大多为本地居民。走下去的游客大多会看一下便返回大三巴街，说明关前斜巷和关前后街对于游客并无什么吸引力。

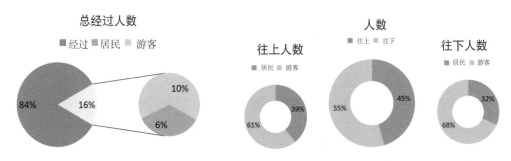

图 5-118　总经过人数示意图　　　　图 5-119　大三巴街—关前后街经过人数示意图

4. 建筑高度

我们主要调研的关前后街及附近围里的建筑高度如图 5-120 所示。可以看出，建筑整体还是参差不齐、比较杂乱的。

5. 建筑质量

我们发现该区的面貌不容乐观，部分有历史价值的建筑因年久失修与缺乏管理的原因而衰退、渐变；部分原有的特色街巷空间已不复存在。私搭、乱建现象严重，已满目疮痍，存在大量结构破坏严重的危房。基础设施不足，存在着大量的安全隐患。从街区在建筑

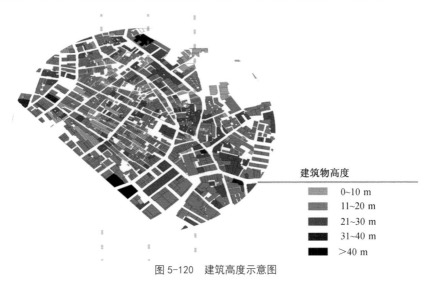

图 5-120　建筑高度示意图

功能和街区形象的现状来看，其中的很多问题与建筑本身和地段过时有关，下面就物质环境与非物质环境两方面来分析（图 5-121）。

（1）物质环境

①地块内建筑残旧，建筑高度、质量参差不齐，外部环境缺乏设计，有特色的建筑多数因年久失修遭到破坏；

②建筑密度及容积率很大，平面布局不合理，存在严重消防隐患；

③临时搭建建筑与危房较多。

（2）非物质环境

①街区内现有功能单一、过时、老化，社区公共交流薄弱；

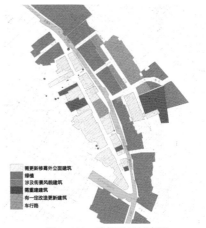

图 5-121　建筑质量示意图

②沿路商业用地商业气氛不好，结构松散，60% 的店铺已不再营业，以低档次的古玩买卖为主；

③服务对象以当地居民为主，其传统手工艺，如婚纱、西装等，具有特定的历史意义，但因设计不能与时共进，面临后无传人的问题。

5.9.2 问题总结及访谈

1. 问题总结（图 5-122）

（1）公厕的设置数量较少，分布不合理，有些距离太远，有些分布在十分隐秘的地方，且标牌提示感很弱，导致使用率不高。

（2）旧区缺乏规划，现有道路不适应现代都市的交通需求，多是单行道，且人行道非常狭窄，出现人车交叉现象。除了道路狭窄外，街边垃圾收集箱靠近游客路线，会影响到旁人的观感和游览体验。

（3）游客集中在大三巴与议事亭前地之间的单条线路上，造成拥挤。

（4）随处可见的土地公庙，显示了澳门居民的心理需求。

（5）街边零星小贩的出现，也展示了当地居民的生活需求。

（6）旧产业衰落，造成街上店铺人去楼空的景象。一些旧建筑已经荒废，只剩下废墟，空置的地皮显得浪费。社区内休憩空间零碎，不成系统，而公园则距离较远。

图 5-122　问题现状示意图

2. 访谈结果

（1）古玩店主：店铺属于镜湖慈善会；一般是熟客，游客多少并不会影响营业额，反而只看不买会影响工作；步行街对于生意影响不大；平常工作（修补瓷器）繁忙，不会用到附近的公共空间。

（2）游客：周边房屋老旧，与大三巴街对比明显，缺乏游客互动设施。

（3）居民：游客增多一定程度上可以接受；对街区改造无所谓；普遍对改造没有信心。

3. 玫瑰里、西瓜里围合的社区分析

由玫瑰里、西瓜里、高楼里、酒潭巷、担杆里、草堆横巷围合出来的区域虽然有很大一片公共空间，但是使用情况并不乐观。选址内楼高层次不齐，使得建筑屋顶围合出多类别丰富的屋顶空间。选址内铁皮屋数量很多，且均是低矮建筑。区域内现有产业失衡，对年轻人的吸引力逐渐减小，造成了青年人口大量流失，区域老龄化现象极为严重。社区内植被稀少，到了几乎没有的程度（图 5-123 ～图 5-125）。

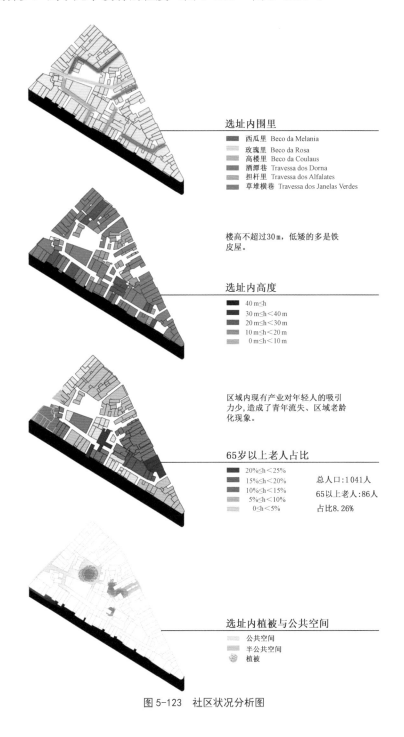

选址内围里

■ 西瓜里 Beco da Melania
□ 玫瑰里 Beco da Rosa
■ 高楼里 Beco da Coulaus
■ 酒潭巷 Travessa dos Dorna
■ 担杆里 Travessa dos Alfalates
■ 草堆横巷 Travessa dos Janelas Verdes

楼高不超过30m，低矮的多是铁皮屋。

选址内高度

■ 40 m≤h
■ 30 m≤h<40 m
■ 20 m≤h<30 m
■ 10 m≤h<20 m
□ 0 m≤h<10 m

区域内现有产业对年轻人的吸引力少，造成了青年流失、区域老龄化现象。

65岁以上老人占比

■ 20%≤h<25%
■ 15%≤h<20%
■ 10%≤h<15%
■ 5%≤h<10%
□ 0≤h<5%

总人口：1041人
65以上老人：86人
占比8.26%

选址内植被与公共空间

□ 公共空间
■ 半公共空间
🌳 植被

图 5-123　社区状况分析图

141

图 5-124　社区内由铁皮屋搭建出的棋牌室

图 5-125　社区内无人问津的公共活动空间

在调研该片区的时候主要发现了如下几个问题：

①社区内老年人口所占比例很高，他们平时的生活较单调。

②社区内绿化程度很低，达到了几乎没有绿化的状态。

③这片区域算是整个大三巴片区内提供给当地居民生活的较大的公共空间了，但是居民们可利用的公共空间受限于澳门土地稀少的因素仍少得可怜。

4. 对于历史街区的看法

历史文化街区既不是博物馆，也不是纯粹意义上的商业街。它是历史传承的载体，更是现实生活的场所，是反映居民生活和社会交往的空间。因此，历史文化街区的改造和复兴应该遵循"人本主义"原则，体现人文关怀。在建筑和环境的改造方面除了要关注历史价值，还要让居民在情感上认同和依赖街区的存在。

其次，历史文化街区的风貌变迁是特定历史时期文化变迁的映射，文化变迁是决定街区风貌变迁的主要因素。街区文化不是静态的，应该让整个街区按照现状的建筑特点合理安排富有变化的空间，让空间体现文化变迁的历程。应当积极培育健康良性的文化发展机制，以促成历史文化街区的复兴。

第三，街区的改造既要体现文化的变迁历史，同时也要适应新的文化发展的变化需求。

我们所调研的片区就是一个反映着澳门历史变迁的活生生的例子。它曾从默默无闻到辉煌，又逐渐衰落至此。我们始终坚信，所有一切建筑的手段是从使用者的想法出发，所以我们提出了社区改造的主要方向——旧事重提。

5.9.3 具体改造

1. 西瓜里、玫瑰里社区的改造

首先，社区内原本的铁皮屋全部拆除。而后考虑到的是社区与关前后街的连接问题，关前后街本就是商业街的形式，未来开发后它对游客还是有足够吸引力的，所以社区与关前后街入口处的当地居民与游客的分流十分重要。既要保证游客的增加给原本萧条的社区带来人气，又要保证外来人员对社区居民的正常生活不要过多打扰。所以在社区的入口，结合澳门本身建筑的特点加入现代建筑设计的手法，做了一个澳门社区历史变迁展览馆，由社区居民经营打理，展示澳门最原汁原味的社区生活变迁，既满足了游客的好奇心，同时又给当地居民枯燥的生活加入了一些新的元素。

同时，在社区的中心处采用与老城区建筑相同的肌理建造一个社区中心，用以满足社区内人群的医疗、教育、行政等生活需求。社区内在空地有限的情况下，想要再多加室外的公共空间就要在竖向的屋顶平台做文章了。利用架子的可操控性和灵活性，搭出通往屋顶的室外楼梯，同时屋顶也与楼梯间相结合，使居民从室内也可到达屋顶平台。利用屋顶空间的高差与形式的丰富性，赋予各种不同的、适应当地居民的功能，比如荡秋千、喝茶、聊天聚会、看电影、攀爬、下棋打牌、晒太阳、阅读、展览、种植等（图5-126～图5-131）。

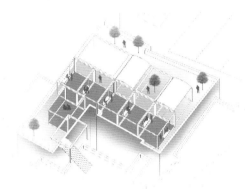

图5-126　荡秋千（一个构件上可以做一到两个秋千，小孩坐在上面嬉戏，极大地丰富了居民的业余生活，还可以与周围屋顶的人们一同荡起来）

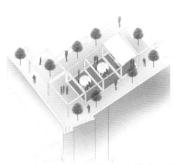

图5-127　喝茶（澳门一直都有喝下午茶的习惯，何不把喝茶这种活动移到室外屋顶上来，三三两两的友人聚集在自家的屋顶上度过一个美妙的下午）

图5-128　看电影（在屋顶上，通过抬高，形成阶梯式的观影平台，给居民另一种聚会娱乐的方式）

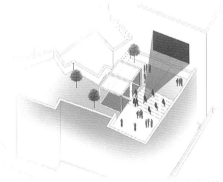

图5-129　晒太阳（在屋顶上，几个老朋友聊聊过往有趣的事，度过一个又一个无聊的午后）

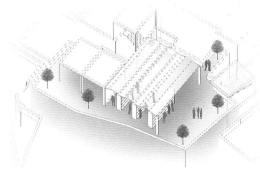

图5-130　阅读（在屋顶的书架和桌子，可成为孩子们一起相约写作业的地方，也可作为大人们喝茶看书的地方。撤掉书架，也可以作为公共的活动空间来使用）

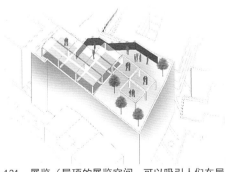

图5-131　展览（屋顶的展览空间，可以吸引人们在屋顶来回走动，增加空间的趣味性）

在社区内做了很多室外交流空间的同时也在室内做了很多设计，利用室内天井与室内连廊的结合，做出室内的交流空间。比如某栋建筑的某层拿出一间没人居住的房间作为整个楼层的室内交流活动室。

2. 大三巴街—关前街—草堆街新路线的改造

由于原有的游客路线较为狭窄，每到游客高峰期时，大三巴都会堵得水泄不通，因此希望通过建立一条新的游客路线以舒缓大三巴的交通压力，并将节奏降慢，游客或者居民可以漫步街上，不是疲于行程，而是享受逛街的过程。

图 5-132　大三巴斜巷

（1）大三巴街—斜巷小楼

大三巴斜巷是连接大三巴街以及关前街的楼梯，显得有些狭窄，因此我们希望在大三巴街营造一个入口斜巷的感觉，吸引游客的注意力，利用原有旧建筑拆卸得出的空地建立一个居民与游客的空间，减小原路口所给予的压迫感。同时，加入一些创意产业，打造文化街区（图 5-132）。

①功能介绍：斜巷小楼里保留了原有底层的葡萄牙纪念品店，并加入咖啡店、书屋以及艺术家工作室，希望打造一个具有文化气息的建筑。小楼外面则是由一层层平台组成的户外空间，户外空间可舒缓途人心情。

关前街的由来源于清政府曾在此设立的"关部行台"。20世纪90年代，这里有很多相当有名气的古玩店、古家具店、二手古籍店。因此，我们希望复兴关前街，做法是将关前后街的房子改造，加入历史以及中西合璧的元素，加强街上的历史氛围，为游客带来澳门本土风情特色，也为当地居民带来回忆。

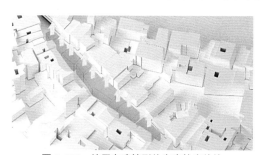

图 5-133　按原有建筑形体高度拉出体块

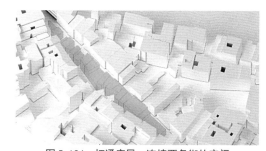

图 5-134　打通底层，连接两条街的空间

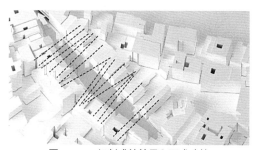

图 5-135　切割成竹筒屋和西式建筑

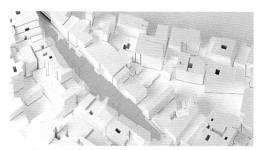

图 5-136　个别体块向里退，营造出骑楼的感觉

②体块生成：详见图5-133～图5-136所示。

③功能加入：在步行街底层加入澳门本土特色的商店，比如茶餐厅、糖水店、饼店等，而二层则是关于关前街这一带的历史展览馆，三层则加入广东特色的茶楼。

④立面元素：在设计步行街的立面时，加入澳门中式传统竹筒屋的屋顶以及葡萄牙人带来的西式建筑柱式和拱门元素，并利用了南方常见的骑楼形成一些灰空间，以带给游客文化体验，甚至本地居民对历史的回忆（图5-137）。

（2）草堆街阶梯小广场

与位于大三巴街的斜巷小楼相同，为了加强入口对人群的吸引力，将几层楼的底层挖空，以加宽路口变成一个小广场，广场以台阶为主体，往两边退让成一条坡道，以吸引人群到台阶上休息，并进一步发现步行街，达到招徕游客的作用。为防地方被浪费，可放置几个商店，以达到物尽其用。

图5-137　步行街示意图

5.9.4 结语

通过此次城市设计，我们对于城市的人文、人流动向、车流动向、建筑质量、空间尺度、公共空间、绿植等情况有了更深刻的认识与了解。

澳门大三巴周边的历史街区是澳门历史几百年发展与繁荣的象征，它浓缩了澳门政治、经济、文化的发展变迁。这片街区曾是澳门最繁荣的商业街区，澳门人对它有着特殊的历史感与认同感。到了今天，过去的光辉岁月只留下历史记载，它成了一个被人遗忘的角落，街区重整势在必行。对影响历史街区景观的破旧建筑和新建建筑、文化价值不大的建筑以及私搭乱建的屋棚进行拆除，质量好的建筑进行立面整治。拆后重建的新公共建筑或添加的新住宅，采用现代化的技术和建筑方案，保持与历史街区的风貌统一。通过改造与更新，该区得以延续深厚的街道文化底蕴，传承澳门多样化的历史和文化遗产，逐步演变成具有古老精神风貌的新生之城。

历史街区改造的目的是通过整治来吸引人们而使各种城市活动变得有活力，规划首先从使用者的角度出发，创造出更多人性化的空间，使其拥有自我激活的能力，将符合人体交往活动尺度、富有人情味的空间处理手法注入已失去部分原有功能的没落街区，形成低密度、商住与休闲混合且方便的综合社区中心。在表现手法上，外街通过建筑来保持界面的完整性，内街有放大的节点，即休憩绿地和小广场。设计处理采用导向、围合等手法形成空间及留出活动交往空间，同时强化空间、地块间联系，即空间的引导性，一种发展的渗透，由城市街道向周边地块延伸。

5.10 十月初五街片区更新与改造

学生：陈定然 郑烨　　　　　　　指导老师：费迎庆

5.10.1 街区现状分析与问题总结

十月初五街简称"泗孟街"，位于澳门半岛西部。北端接于爹美刁施拿地大马路与沙梨头海边马路交界处，南端出口接火船头街。昔日的十月初五街原属海湾浅滩，后来经填海而逐渐变成街道。十月初五街至今仍是澳门其中一条横越最多堂区的街道（包括花王堂区、大堂区及风顺堂区）；在新马路未修筑之前，它更一度是澳门最长的街道。

随着澳门旅游业的发展，澳门古城区成为世界文化遗产，大三巴景区成为古城旅游区的中心。大三巴景区景点集中，对游客有非常大的吸引力。所以位于古城区边缘的十月初五街逐渐没落，失去商业中心的地位。同时随着时代发展，澳门填海造陆，大量渔业交易位置也转移到了新码头。十月初五街的游客和居民人数都持续减少，街道缺少了发展动力，政府不再重视十月初五街。

1. 建筑与绿化

根据调查了解，街区原有建筑高度多为一至三层，外观风格以传统中式和传统西式为主。现在仍然留有一定数量的历史风貌建筑，如康公庙、泗孟街市遗址、老当铺德生垵等。但是经过多年发展，街道建筑质量参差不齐。

民居的更新重建缺乏整体规划和把控。许多原来的二三层民居更新重建，多改建为六至七层的多层建筑，并把一层设计为店面。这种改造方式虽然某种程度上改善了居民的家居生活条件，但是建筑高度并不适合原有的街道尺度。多层建筑严重影响了街道的采光，破坏了街道环境。且在改建过程中缺乏整体的设计把控，雨棚空调机位等设备外露，整体建筑外观杂乱。同时许多空置的建筑或因年久失修而导致破败，或因维修缺乏专业指导控制而使古建筑风貌尽失。

历史特色建筑缺乏保护和再开发。除了康公庙因作为澳门重要的历史特色建筑，政府大力维护发展外，其他建筑没有与时俱进。泗孟街市遗址现为一片废弃空地，存有一座古老的门楼和两面矮墙，居民将其作为垃圾回收点和停车场。老当铺德生垵外观保存完整，但是缺乏定期的保养，随着当铺的倒闭，建筑被空置，毫无生机。六国茶楼是典型的近代西洋风貌建筑，位于十月初五街和新马楼的交接口，曾经是十月初五街一个重要的标志。但是建筑随着茶楼倒闭逐渐破败，如今仅剩下3个建筑立面，内部已经完全坍塌。建筑长期处于废弃状态，既破坏了新马路的立面完整性，又不利于十月初五街的商业发展。

街区中建筑高度密集，除了康公庙前地外，缺乏公共休闲健身空间。仅有的几块绿化空间缺乏设施，利用率不高，没有形成绿化体系。

总体观察，十月初五街区建筑多为居民自然发展而成，缺少系统规划，街区建筑整体保护发展不佳。

2. 交通

澳门老城区道路小、密度高，以单行道居多，路网布局体现老城肌理。我们对十月初五街进行了人流、车流、公交路线、道路等级等多方面调研，发现街道交通状况存在许多问题不容乐观。

（1）人车流线混乱。随着巴素打尔古街的街区发展，十月初五街完全变为一条内陆街道。后来的新马路计划的实施，将街道格局分为两段。虽然片区在早期传统生活模式下，十月初五街形成了适宜步行的街区尺度，但是随着时代发展，机动车量的增多和人口的增长，人车混行情况严重，街道两侧缺少缓冲和停留的场地。公交路线无法深入街区内部，站点处也没有足够的缓冲空间。

（2）违章停车情况严重。十月初五街在康公庙南段的街道设有步行道，车辆停放秩序较好。但是在十月初五街道路中段和北段，道路两边存在大量的违章停车，以小车、面包车、摩托车为主。据了解，一方面街区内的居民和商家为了停车方便，随意占道停车，部分车辆甚至停在商铺门口，导致拥堵的情况时有发生。并且随着违章停车成为十月初五街的常态后，交警对车辆停放秩序也疏于管理。另一方面，车辆数量持续增长，但是停车空间系统缺乏长远规划，停车设施空间明显不足。街道中极少有规划的车位，虽然在巴素打尔古街边建有两个大型停车场，但是由于服务半径太远和租金过高，居民普遍放弃。

（3）占道经营现象普遍存在。十月初五街上有多种类型的占道经营的小摊贩，也严重影响了道路安全。占道经营主要分为三种：第一种是道路两边的店家，直接占用店铺门前空地，增加商业空间。第二种，一些卖凉茶和水果的推车流动小摊贩，他们的位置相对自由。第三种，依附于巷道和废弃的店面旁边摆摊，摊位位置相对固定。这种商业模式在十月初五街历史悠久，甚至部分街边摊已经发展为街道文化特色。

3. 业态

历史上十月初五街曾经是一个摊档林立、生意兴隆的地方，约500 m的长街内百货店、服装店、中西药行、茶行、饼店、食品批发行就有数十间，因临近码头、车站，这里的海味杂货店、银号及找换店数量更是冠绝全澳。另有很多街头摆卖的小贩，多以售卖蔬菜、水果、生活用品为主，也有卖香烛、大米，以及替人理发的摊档，均价格低廉，便利的水陆交通吸引了澳门甚至临近地区的居民前来购物。除了商贸服务外，街内食肆林立，连20世纪40年代初最负盛名的三大粤式茶居六国饭店、得来茶楼及冠男茶楼也曾坐落于此。现在虽然商业逐渐衰败，但是该街道作为居民生活的重要场所，业态仍然保持得比较完整，涵盖饮食、医疗、金融、服装、休闲娱乐等，沿街的小店铺大多自家经营，以服务街坊为主，好多早上都不开门或是开得较晚，有时白天也会觉得冷清。其中许多被埋没的传统街市和历史悠久的特色店铺是激活街区的重要资源。

（1）据调查，十月初五街聚集了许多传统的茶楼和餐饮店。例如六国茶楼、冠男茶楼、大龙凤茶楼、黄枝记、文记烧腊等。这些茶楼受内地特别是广州茶文化的影响，部分设夜茶歌坛，客人一边品茶吃晚点，一边欣赏粤乐粤曲。将美食文化和居民娱乐相结合，是澳门居民公共生活文化的活标本。

南屏雅叙创立于1966年，是澳门第一家有冷气的茶餐厅。翠绿色的马赛克瓷砖、木制的卡座、拼桌的阿公阿婆，是这里的特色。主要顾客都是一些上了年纪的街坊邻居，他们在这里喝茶、看报、聊天。同时这里还是个曲艺社，挂有粤剧艺人登场的剧照，定时有粤剧表演。

大龙凤茶楼的前身是澳门三大茶楼之一的得来茶楼，20世纪70年代中期更名为大龙凤茶楼。80年代，十月初五街归于平静。大龙凤茶楼的第二代接班人开始把茶楼慢慢转型为粤剧曲艺茶座，渐渐吸引粤曲爱好者驻场，也成为澳门独一无二的现场伴奏粤剧曲艺茶座。大龙凤茶楼的点心和菜式都保留着传统粤菜的地道做法，无论是听戏品茶还是聚会吃饭，都值得细细品味。

十月初五街上楼龄最老的首推六国茶楼。六国茶楼的前身是得心茶楼，始建于1913年，1938年更名为六国茶楼，点心美食数不胜数，茶道更为老街坊津津乐道。据称六国茶楼的茶叶由著名茶庄精工炮制，并聘请专人到二龙喉之龙头取山泉水泡茶，饮之甘香爽滑。六国茶楼还有一个特色，就是文化气息浓厚，牌匾特多。茶楼内壁挂着许多孔孟摘句，传播儒家文化，并且老板是广州名人，交友颇广，一些军政要人、骚人墨客留下的墨宝也被刻成牌匾，挂于茶楼内外。

目前，传统餐饮店大多数仅靠街坊的关顾而持续经营，这些店缺少宣传，无法吸引游客。并且由于交通不便，其他区域的居民也是到来寥寥。像六国茶楼、冠男茶楼这样的名店也因经营不善而倒闭。

（2）特色商品店铺经营状况普遍惨淡，这类零售业大多数勉强维持，例如英记茶庄、澳门十月初五饼家、时香花生瓜子等。

英记茶庄一直保留着最传统的味道——只卖中国茶。店长卢石麟先生选取的茶叶是内地原产地的老茶树出产，尽量避免现代大规模种植产品，茶庄里依然保留着老物件，从斑驳的装茶叶的锡罐、供客人品茶的酸枝长凳，到包茶用的牛皮纸都是那么的原汁原味。对于未来，老先生也并不想做过多的改变，他希望还是把老味道继续做下去，让已经离开十月初五街的老街坊和已经出国定居的澳门居民回到这里依然能品尝到最正宗的澳门味道。

叶培记原来是20世纪70年代经营最早的饼店，之后转型为电器店，后来又转为唱片店。这间唱片店主要经营黑胶唱片和粤剧唱片，已经在十月初五街有35年的历史了。店内保留着传统的售卖方式。

许多店铺早期依靠码头交通优势，生意兴旺。如今客源变少，游客人流难以进入，并且随着街道上现代超市、药店等的开发，老店更显萧条。根据我们的访谈，许多老店业主都对店铺经营执着。但是居民和店家对街道未来的发展建设普遍心态悲观，认为政府忽视老街，缺乏资金投入，甚至有居民认为十月初五街已经被政府放弃，没有发展的机会。

（3）公共街市的消亡。街市是居民生活的重要场所，十月初五街历史上有许多个街市，如营地街市、海边新街街市、南京街市、泗孟街市等。

泗孟街市位于十月初五街水鸡巷口，这个街市虽然面积小，但为当时的澳门及澳门邻近的居民提供了不少方便。如今留有一座古老的门楼，门楼上镶嵌着拱形的铁架，顶部则塑有圆环，见证了街市历史的发展。

位于十月初五街尾的工人康乐馆前身是南京街市。一楼是影院，二楼则是进行文娱活动的场所，后来位于沙梨头的水上街市建成，南京街市拆卸，工人联合总会将地下的前半部分建为超市，而后半部分则成为一间茶餐厅，直至早几年才将超市搬迁至十月初五街中段，现为一座空置大楼。

4. 周边街道

澳门的街名十分有趣，例如没有贼仔的贼仔围、没有牧羊的牧羊巷、没有钢炮的钢炮斜巷等。在烂鬼楼附近的果栏街，同样是一家果栏也没有，因为真正卖水果的是附近的大码头街。

澳门人很幸福，一年四季都能尝到各种各样的水果，只要合时令的，基本上也能在街市或店铺里找到。不过，澳门本地不产水果，仅能靠外地引入，或来自内地经陆路入口，或依靠船运从外国来澳门。新鲜的水果抵达澳门后，并非马上送到大家手上，而是经过批发的过程。现时，内地水果的批发全部交由南光公司进行转批，而国外水果则先从码头运送到大码头街，再经过果栏们进行批发。

大家会问，为何水果不直接在码头进行批发，却要运到这条窄街呢？那么我们要从大码头街一名说起。几百年前，果栏街与沙栏仔、关前正街是古代的北湾海岸，过去不少商船在此靠岸进行贸易，而大码头就是海岸上主要的码头之一。虽然后来大码头消失了，但大码头仍然连接海边，人们用船艇把水果运送上岸，再交给街上的果栏售卖。

物换星移，大码头街不再位于海边，但街道仍然是清一色的果栏，而且大多数经营数十年以上，同和栈果栏就是其中之一。果栏于20世纪40年代开业，一直独资经营至今，现时由叶婆婆及他的儿子一起辛勤经营。据叶婆婆所述，以前果栏都是前铺后居，生活和工作也在这里，今年才搬到别处居住。每天中午过后，叶婆婆便回到同和栈做准备，点算货单，其后工人们也陆续回到果栏，一起闲聊及收拾果栏，准备忙碌的黄昏时刻。

虽然果栏街并没有果栏，但一些与水果批发的行业在这里应运而生，如洪馨椰子店创立于1869年，已经有过百年的历史，现在已经是由第四代人经营，相当难得。

很奇怪，为何椰子有专卖店，但不见其他水果有专卖店呢？洪馨椰子店老板李先生表示，由于食用椰子不像苹果、香橙一样方便，需要经过复杂的加工才能食用，所以才会有椰子店的出现。在澳门传统椰子店的数量并不多，而且是小本家庭式经营。店铺一角堆满椰子，这里的椰子与大码头街的水果一样来自外地，如马来西亚等，靠船运到香港，再转送到澳门，一星期有两次船期。

尽管环境不断改变，昔日在海边的大码头，已经是旧城区里的一条老街，但百年的水果批发，热闹程度依然有增无减。伴随水果业的，除了大码头街的果栏之外，也有仅存的椰子店和凉果店，三个古老的行业相聚于一街，并非出于历史的巧合，而是人们的生活所需。然而，现代化的生活使椰子业走向式微，随着超市及新式水果店的兴起，它们是否会给大码头街的果栏带来新的冲击？要看时代的回应。

近年，有人提出把各区老店汇聚在一街，来吸引市民和游客，希望借此来拯救这些老店。树不能无根，对老店而言也是如此，若然像洪馨、和昌等老字号，离开它们所在的地方，远离它们所处的社区，脱离它们的根，一个失去历史的老字号，历史价值和意义也会大幅下降。

5. 居民诉求

经过调查发现，在十月初五街区居民的生活和店铺的发展是紧密相关的，店主也以当地人为主。在街区中的居民和店主并没有把十月初五街区当作一个旅游景区，他们希望十月初五街的文化和商业能得到再度激活，恢复往日的繁华，居民的生活质量能够提升，同时商店也能在保有历史和地域特色的情况下持续发展。在调查中，85%的居民和店家表示，认同导入一些游客（最好是一些澳门文化深度游的自助游客），将该街区定位为以居民为主，游客为辅的澳门传统生活商业街区。但是目前居民普遍反映，在近几年政府并没有重视该街区，以致街道每况愈下，与大三巴景区对比差距越来越大，所以当地人对街道发展普遍持悲观态度，甚至有居民认为十月初五街已经被政府放弃。

5.10.2 主题概念生成

（1）澳门的十月初五街，在过去十分繁华，街道热闹无比，人们在不同时段有着不同的活动。同时街道两侧楼房以 2～3 层为主，街道宽度和楼高比例协调。街区虽然高度密集，但是仍然留有一些绿化空地和一些可供集会的广场空间。老店和集市文化是该街区最大的特色（图 5-138）。

（2）由于历史的发展，现在只有一些一层的零散的商铺在经营，十月初五街已经失去了当年热闹非凡、人来人往的氛围。许多楼从 2～3 层改建为 4～7 层，仅一层作为店面。剩下的一些二三层的独栋屋，二层以上的通铺也不再使用，只有一层的局部作为店面。整个街区街道比例失调，并且老店特色不突出，许多新店的营业状况不佳（图 5-139）。

（3）对于十月初五街的现状改造，在整体思路上，希望深度挖掘十月初五街区的老店和集市文化，通过现代手法的植入改造，实现十月初五街区的更新。我们希望通过先改造老店，突出老店特色，然后利用现有空地和建筑一层局部架空退让，增加公共休息和绿化空间。同时丰富 2～3 层甚至屋顶的空间，创造更多的活动平台和空中花园，加强街道和各个店铺的连接性。特色老店作为旅游点吸引人气，新店又可以与老店功能互相补充，将商业线连接起来。然后修缮街道立面，从而更新和协调十月初五街的整体风貌。对于集市文化，我们在康公庙前地设计了文创中心，发展康公庙艺墟文化。在果栏街、烂鬼楼巷、大码头街与十月初五街的交界处设计一个大型综合体，既恢复果栏街的传统商业文化，同时也利用原有肌理增加街区的绿化和公共活动空间（图 5-140）。

（4）图 5-141 所示是我们想要达到的理想状态，十月初五街区不再是单纯的商业交易空间，也有着社区活动的交流空间，配套有绿化和健身设施。

图 5-138　旧时光

图 5-139　现状

图 5-140　概念植入

图 5-141　理想状态

5.10.3 策略实现

我们主要改造十月初五街位于新马路到工匠巷之间的区域。重点改造老店，比如六国茶楼在原有建筑基础上改造为茶楼和茶艺馆；大龙凤茶楼增加曲艺表演的空间，并与周边店铺相连，增强商业活力；增加南屏雅叙和秋声同乐社的户外交流空间；将十月初五街和果栏街交界处的废弃旧建筑改造为社区活动中心等。最后改造街道立面局部，让街区既有个性又能够保持和谐统一。立面改造原则有：

（1）历史特色延续原则：要在不断的历史演化中保持街道风貌的可持续性特色。首先研究澳门独有的建筑立面特色，提取有价值的历史元素和空间结构，将其融入改造的立面中。

（2）合理性可视原则：通过一些必要的整治改造，使沿街建筑立面的背景在视觉上

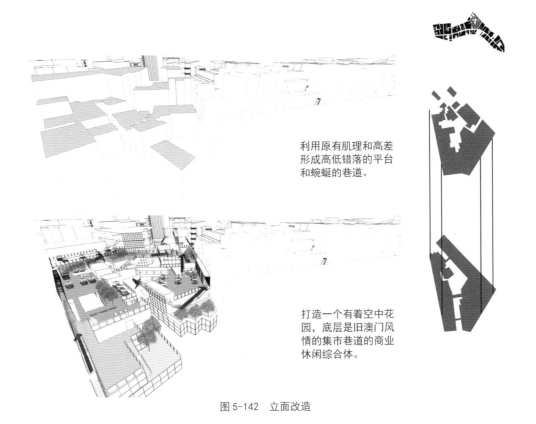

利用原有肌理和高差形成高低错落的平台和蜿蜒的巷道。

打造一个有着空中花园，底层是旧澳门风情的集市巷道的商业休闲综合体。

图 5-142　立面改造

协调、美观。除了美观协调外，还要做到对建筑立面的整体把控，以及根据当地居民的意愿来塑造合理性可视原则、整体控制原则。这种控制性设计是在对街道的整体风格特色定位的考虑下进行的。

（3）集市更新：我们意愿在果栏街、烂鬼楼巷、大码头街与十月初五街的交界地块做一个集社区公园和集市于一体以及对十月初五街的历史展览的大型综合体。

在设计的大综合体中，有着两条明显的流线，如图5-142所示。第一条路线是顺时针路线，沿着果栏街一段段的楼梯缓缓走上顶层，每一段楼梯所在的平台都有不同氛围的社区活动和休息区以及健身设施，这些空间都由绿地或灰空间有机连接，每一层的平台之间可以随意地对话，增强综合体的开放性和社区性；另一条流线则是逆时针路线，从综合体的内庭院出发，最终到达顶层。

在此综合体中，有三个明显的天桥过道，连接着两边的功能体块，也对图底有一定的分割丰富作用。通俗来说，综合体就是底层商铺、顶层公园。采用大玻璃等有机结合旧澳门风情的店铺风格，打造一个较为新型的建筑体，引起更多人的关注，关注　此片区，关注十月初五街，关注十月初五街的发展历程。

这个综合体作为我们设计的一个切入点，以采用新型的手法作为亮点，展示旧时十月初五街的集市文化，从而将视线引入旧的十月初五街，利用这种层层递进和视觉冲击来引起人们的兴趣。同时也作为整个片区大型集中的社区中心，它将集合这个片区的所有休闲生活，将人们都集中在一起，缓和现代人快速冰冷的交际关系，也给老年人带来更多的乐趣。

第六章

设计成果

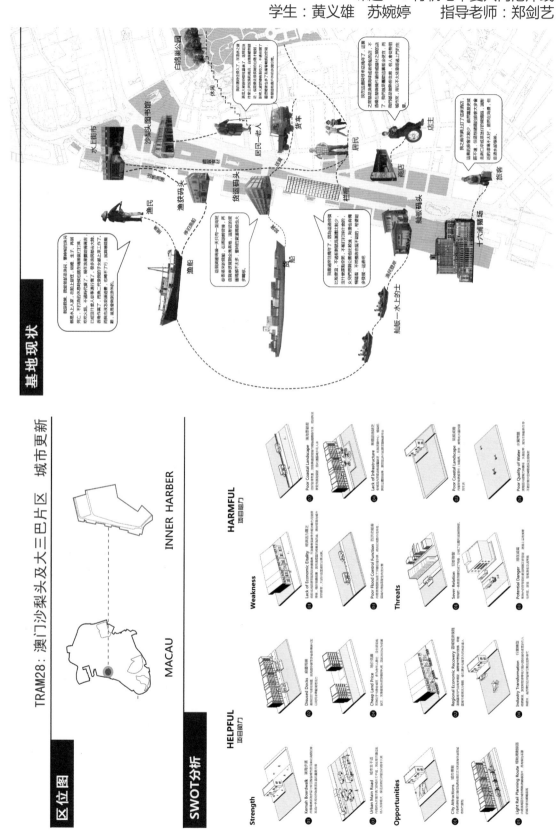

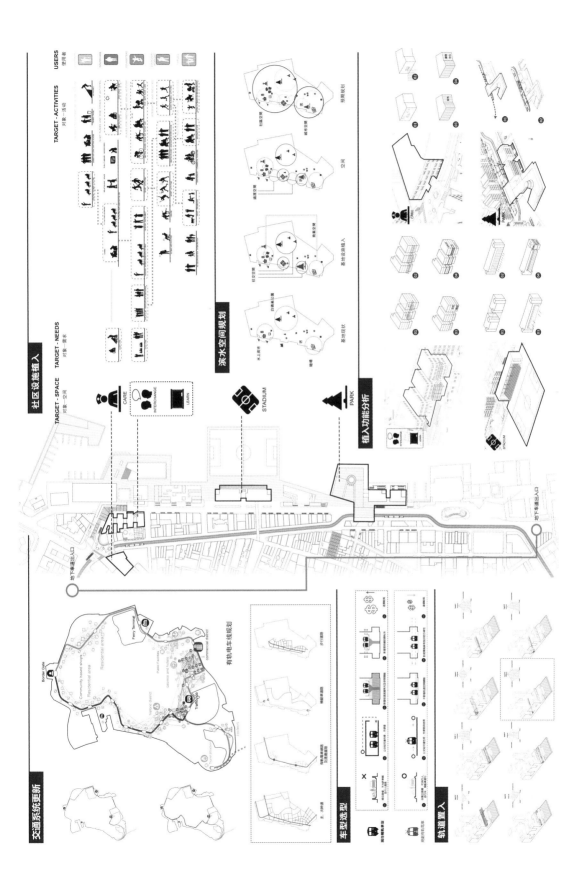

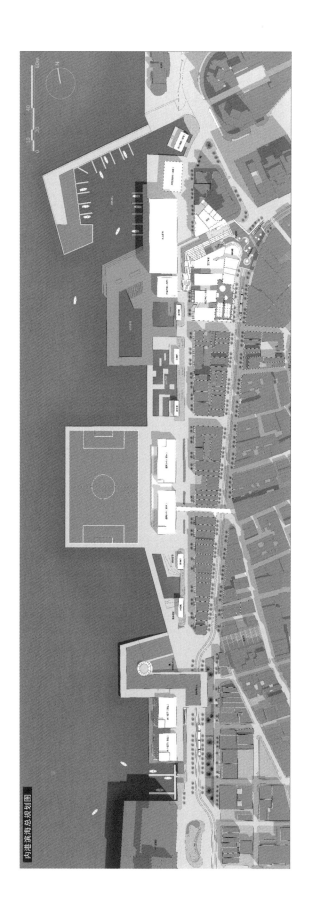

内港؟؟总规划图

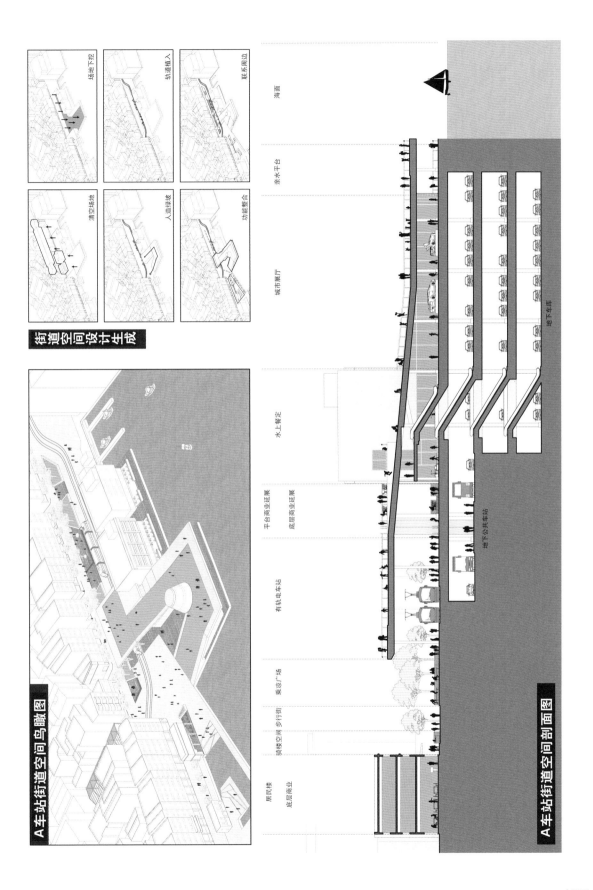

街道空间设计生成

场地下挖
轨道植入
联系周边
清空场地
人造绿坡
功能整合

A车站街道空间鸟瞰图

海面
亲水平台
城市展厅
水上餐定
平台商业延展
底层商业延展
有轨电车站
乘凉广场
骑楼空间步行街
居民楼
底层商业
地下公共车站
地下车库

A车站街道空间剖面图

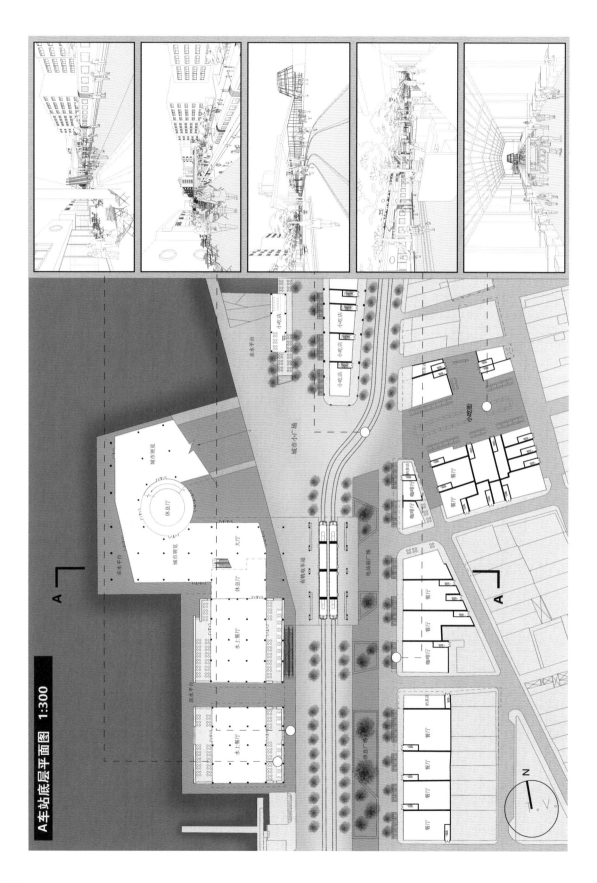

A车站底层平面图 1:300

城市展览
休息厅
城市展览
大厅
水上餐厅
休息厅
水上餐厅
跌水平台
临水平台
城市小广场
小吃店
小吃店
小吃店
有轨电车站
咖啡厅
咖啡厅
咖啡店
茶店
休息广场
电站前广场
餐厅
餐厅
餐厅
餐厅
餐厅
餐厅
咖啡厅
奶茶店
小吃街

N

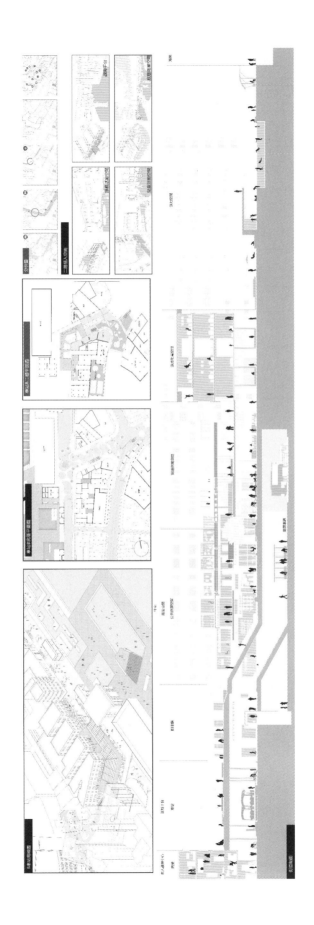

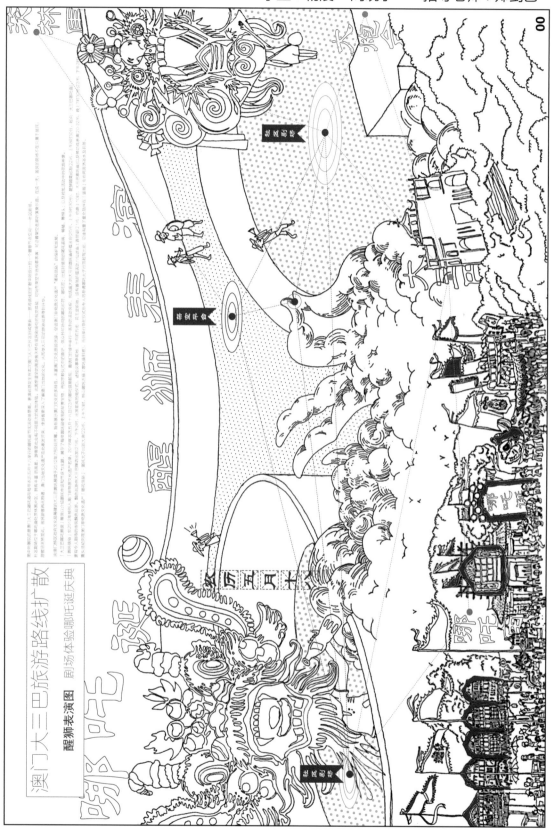

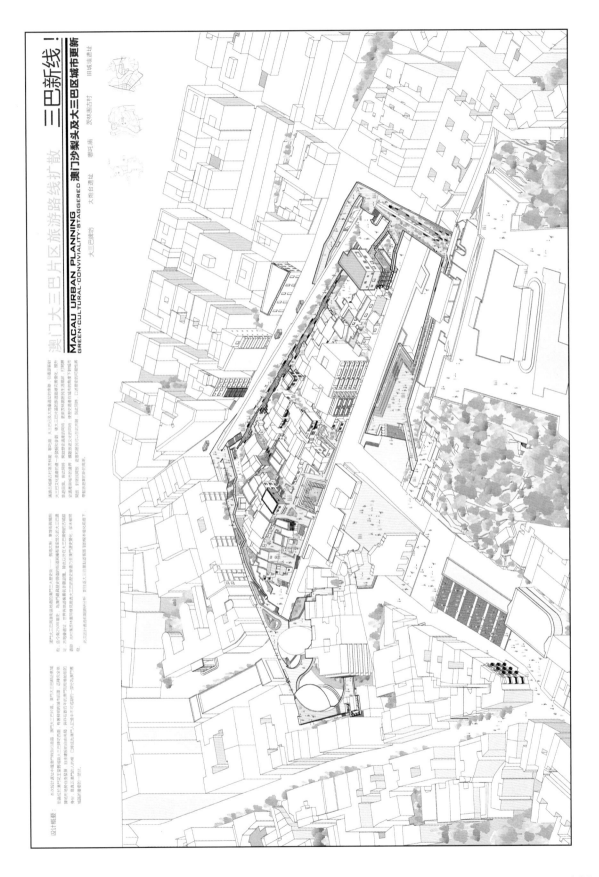

三巴新线!

澳门大三巴片区旅游路线扩散

澳门沙梨头及大三巴区城市更新

旧城旧古村 茨林围古村

哪吒庙 大炮台遗址 大三巴牌坊

MACAU URBAN PLANNING
GREEN·CULTURAL·CONVIVIALITY·STAGGERED

161

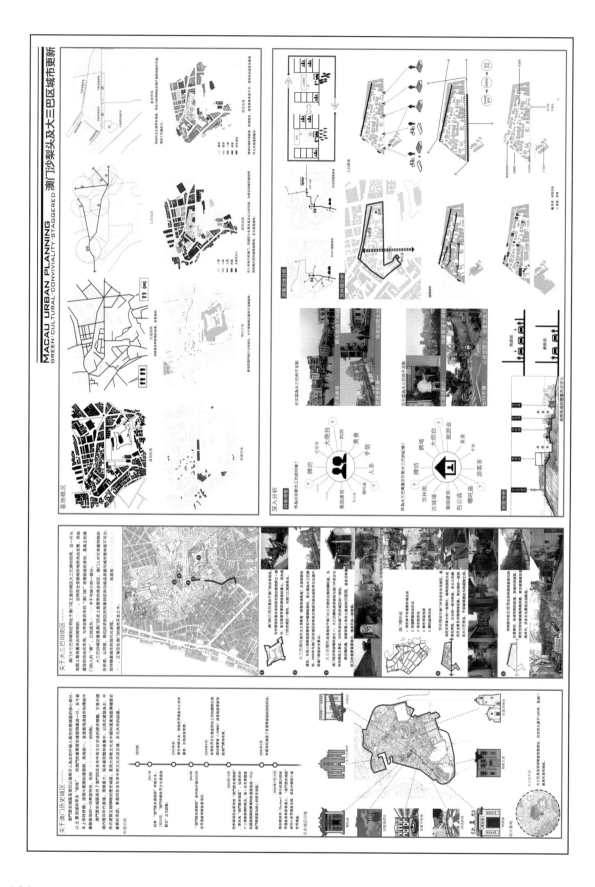

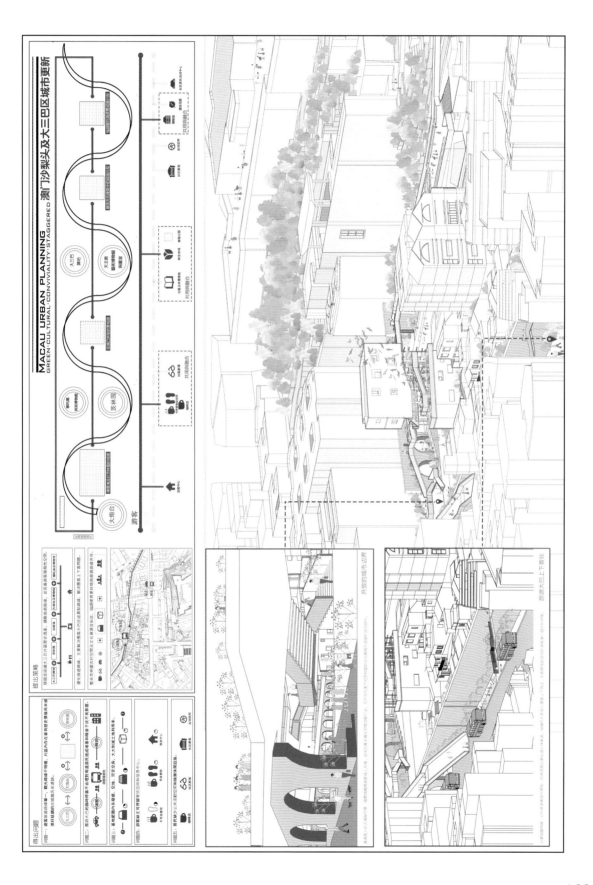

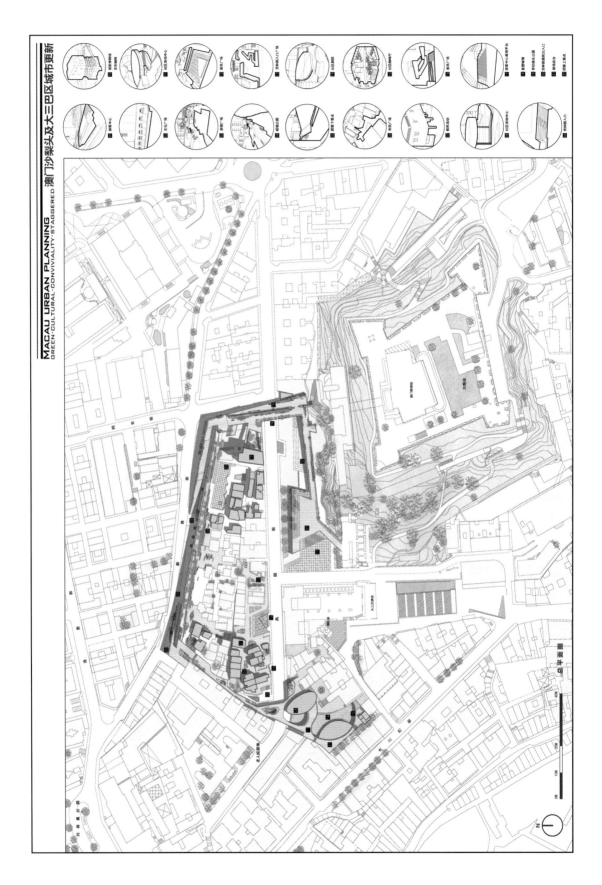

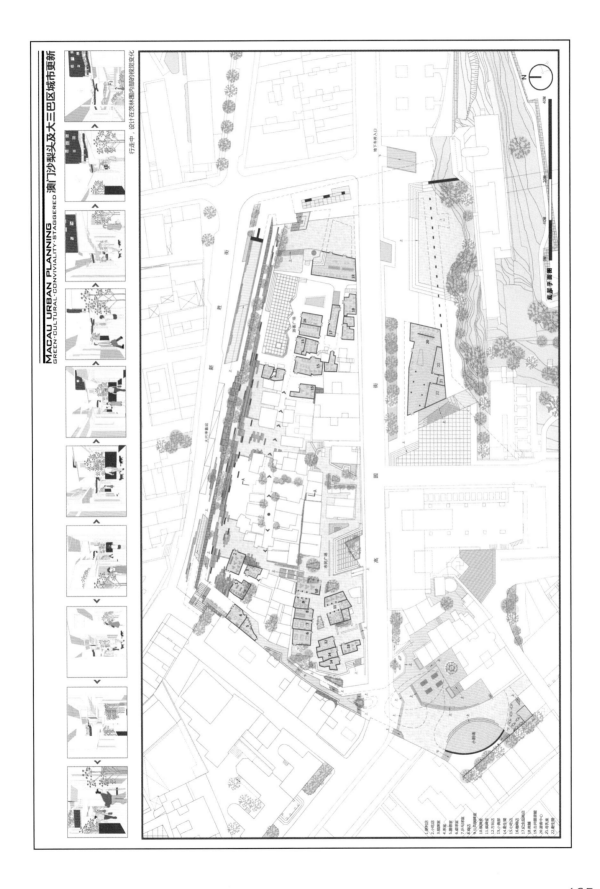

MACAU URBAN PLANNING
GREEN·CULTURAL·CONVIVIALITY·STAGGERED

澳门沙梨头及大三巴区区城市更新

行走中，设计在茂林园内部的视觉变化。

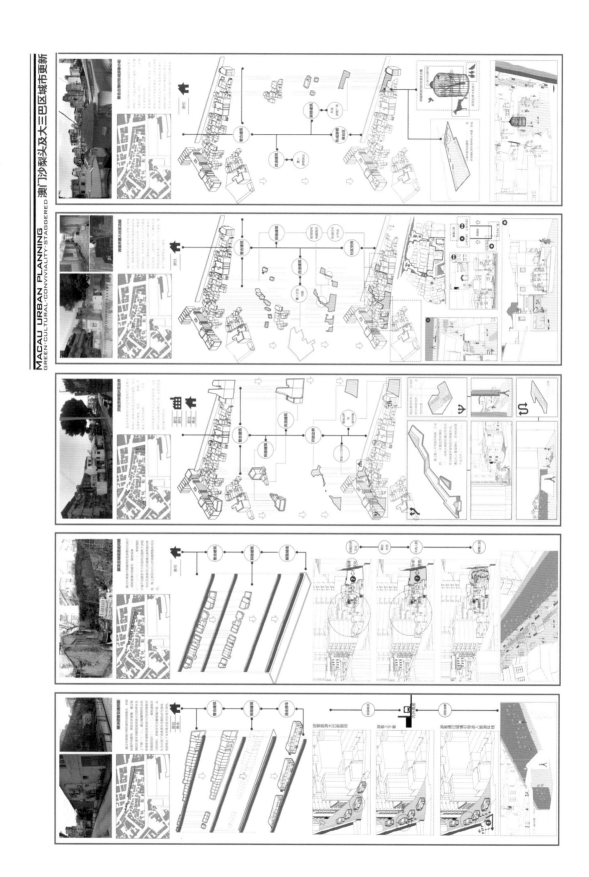

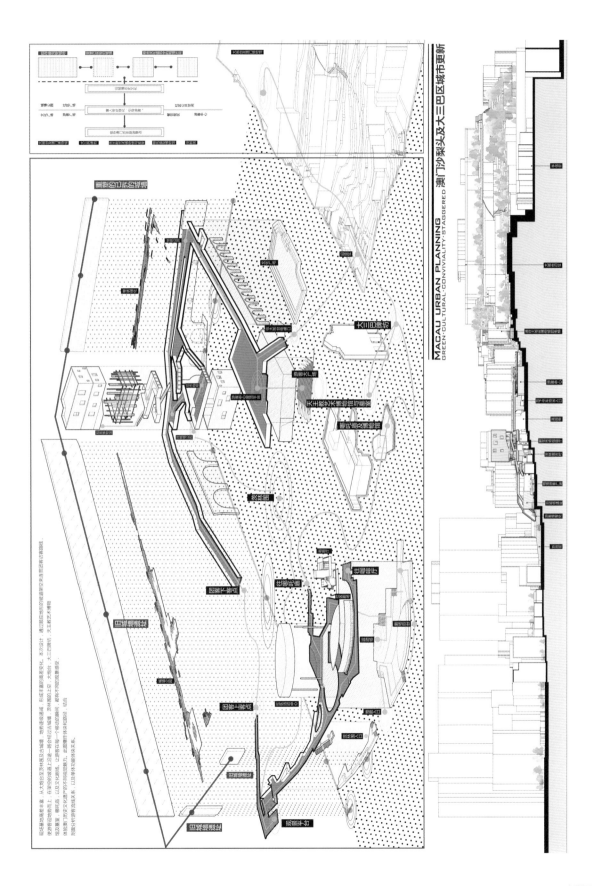

澳门沙梨头及大三巴区城市更新

MACAU URBAN PLANNING
GREEN·CULTURAL·CONVIVIALITY·STAGGERED

167

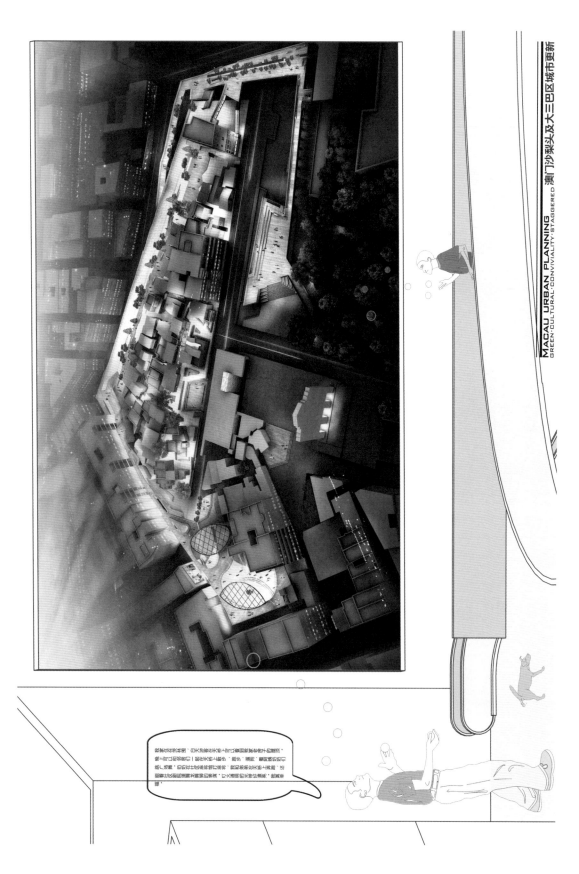

MACAU URBAN PLANNING
GREEN·CULTURAL·CONVIVIALITY·STAGGERED 澳门沙梨头及大三巴区区城市更新

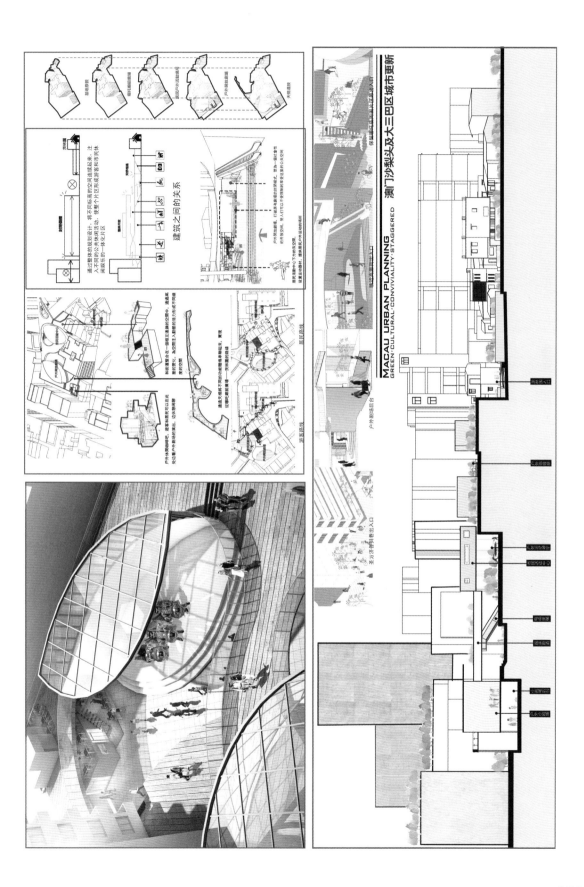

HELLO HACKERS
澳门旧城围里共享计划——创客单元
宏　观　调　研　部　分

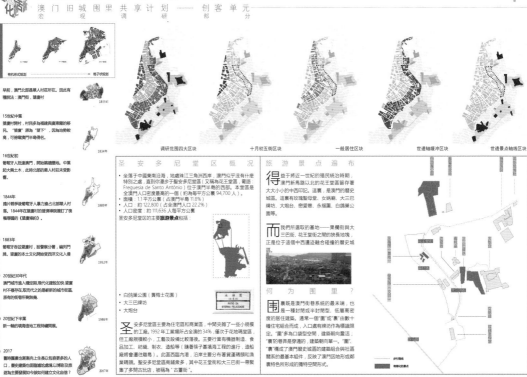

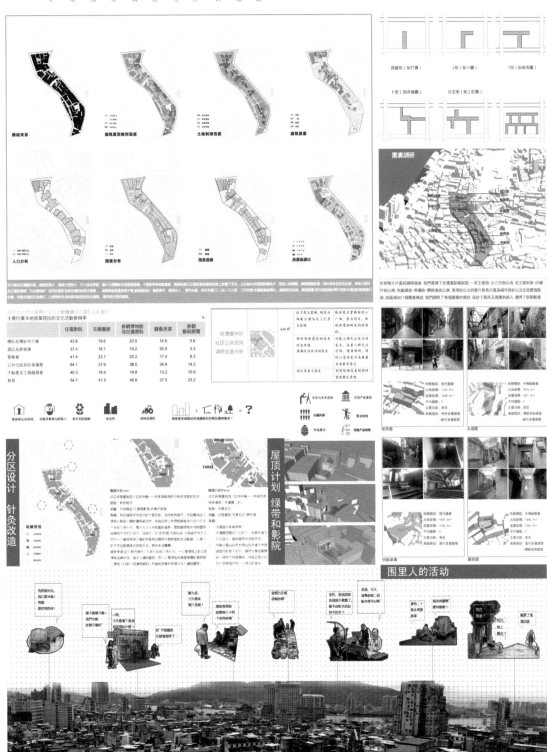

围底关系

建筑屋顶距地对高度

土地利用性质

建筑质量

人口分析

围里分布

围里规模

房屋板块比

直缝形（如竹园）　L形（如卜園）　T形（如姿秀園）

卜形（如永福園）　分支形（如工匠裏）

圍裏調研

主要行業本地就業居民的文化活動參與率

	往電影院	往圖書館	參觀博物館或世遺景點	觀看表演	參觀藝術展覽
博彩及博彩中介業	43.8	19.6	23.5	14.9	5.6
酒店及飲食業	37.4	18.1	19.2	20.9	3.3
零售業	41.4	23.7	25.2	17.4	8.3
公共行政及社區服務業	64.1	37.6	38.0	34.9	14.2
不動產及工商服務業	40.3	16.4	19.8	13.2	10.9
教育	54.7	47.5	45.6	37.5	23.2

世遺緩衝區
社區公共空間
調研改造分析

分区设计 针灸改造

功能定位

屋顶计划 绿带和影院

圍里人的活动

171

HELLO HACHERS

澳门旧城围里共享计划——创客单元

微 观 设 计 之 创 意 工 作 区

创客（Hacker）是什么？

在《新客：新工业革命》（Crown Business, 2014 年出版）中，点里斯安德森指出：手工艺者（craftpeople），走向街巷的工匠（tinker），技能型的人以及设计家都可归类创客。换句话说，创客的身份和众席高度的创造某种权属商成虚品的行为，不管具体是什么，都可以算是创客造新的群体。

在这篇我群客指常宝民开手个人以及在地或外界意意新策青年。

为什么在澳门引入创客（Hacker）？

澳有世界名列前茅的人均 GDP，令人惊羡的社会保障和临村体系，加上丰富培育是的减都幅修，挑新厂筑魔力的生活理境工厂是养种的常港。

然而，有些年轻人却感到：

"游回我们只曾曾得克克情？"，话多拿了澳门一支播大的博客展。

他们是曾曾做木卓，玩音乐，看电影，爱绘画，精手工⋯他们不愿意反逆，某是要走向一个城市喜笑，且少是想若意闲的文化通道规创出，且，带来丁大量的消费人群属的能量家椅以传递出去。

为什么在永福围引入创客（Hacker）？

有空间——有手有场——有市场——有特色

鉴于永福围或位于澳门历史城区保护属内，紧邻大三巴牌坊，花王堂等核心必看点，具备妹制度，空间立文化，更有旧日单人行的生活感觉。

在保属古建属的同时，或该属里注入活力，属性的保产方式，如改造博物馆等，可能是属性消旧的保护方式，修士化建筑，调使兼顾居民住格不入。

博灯量属澳门文化量产

"永福围一快艇头里" 大约有 964 个人口，其中老年人 89 个（占 8%）、0-14 岁儿童 74 个（占 8%）、1.0-14 岁 74 个（占 8%）——是一个老龄化社区。

什么能最快引入新鲜血液？青年创客，同时也成为年轻人提供轻松组合的共享创意空间。

结合一些新被属属民和游客的公共空间，既属屋活化了古建属，出属记或成为一属引入门带加有包容力的编街，古建属改成属客空间（Hackerspace）民居一部分作为共享社属，形或古建属属属特有的家居邻公。

创客空间（Hacker spcae）的空间需求？

创客空间（Hackerspace）集或了设计，原型化,到制造，销售，展示，分解和创意的全部空间需求。

对应在永福围一快艇头里的功能分区

将集爆街的一侧入门口作为书籍入口，进行食品，资源的户外。

再花天堂街市为主要入口的人行入口，走向有永福围的大三巴街，通往花王堂，爱奥白属属属公属。是主要的游客的人行动线。

而永福围里的都房主属用作工作坊，休闲，设计等等空间，活化永福围的社属活力。同时，让创客感受属制度，空间文化，和旧日单人社群的生活氛围。

永福围—快艇头里 # 改造总平面图

钢 结 构 示 意 图

永福围，1、2号 # 一层平面图   # 永福围，1号 # 结构分解图

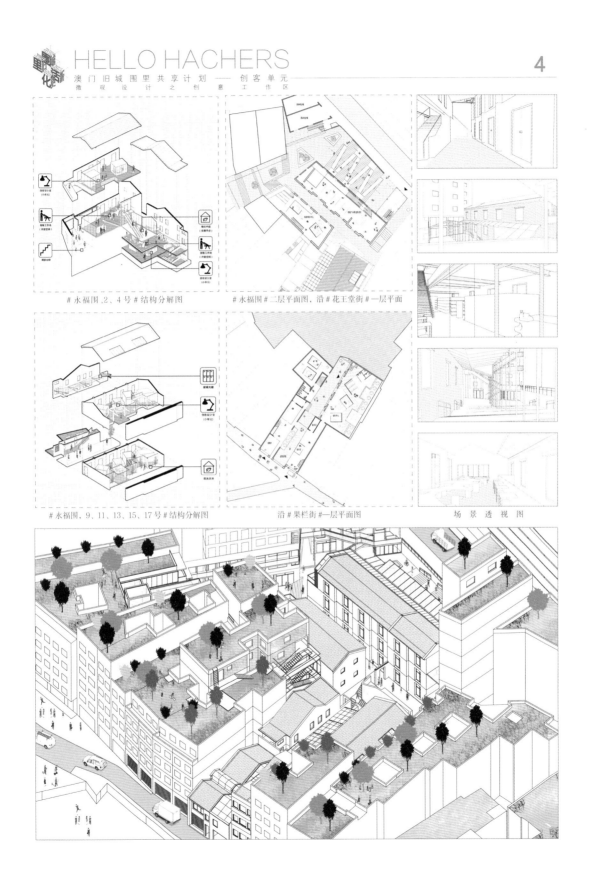

永福围 ,2、4 号 # 结构分解图

永福围 # 二层平面图，沿 # 花王堂街 # 一层平面

永福围 ,9、11、13、15、17 号 # 结构分解图

沿 # 果栏街 # 一层平面图

场 景 透 视 图

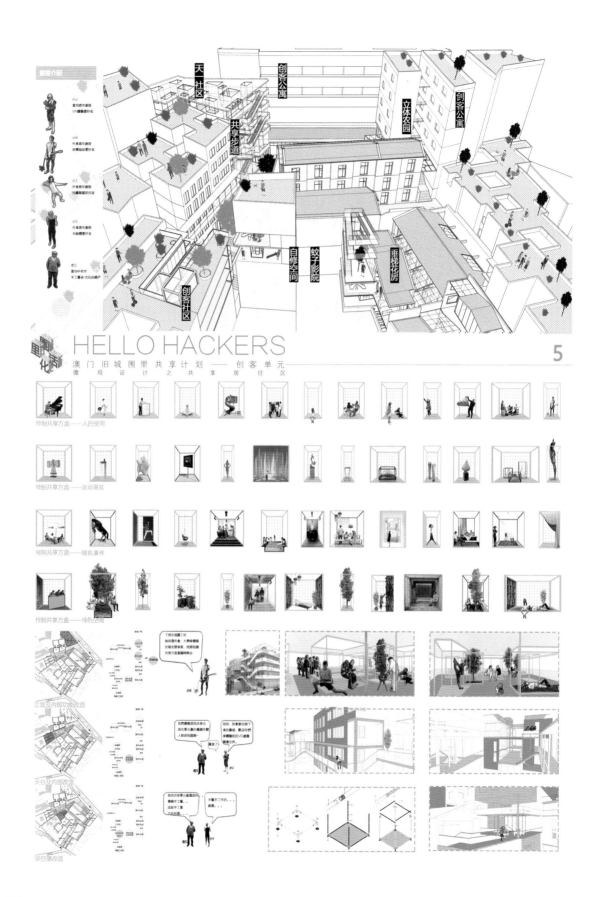

HELLO HACKERS

5

澳门旧城围里共享计划 —— 创客单元
微 观 设 计 之 共 享 居 住 区

HELLO HACKERS

澳门旧城围里共享计划——创客单元
微 观 设 计 之 共 享 居 住 区

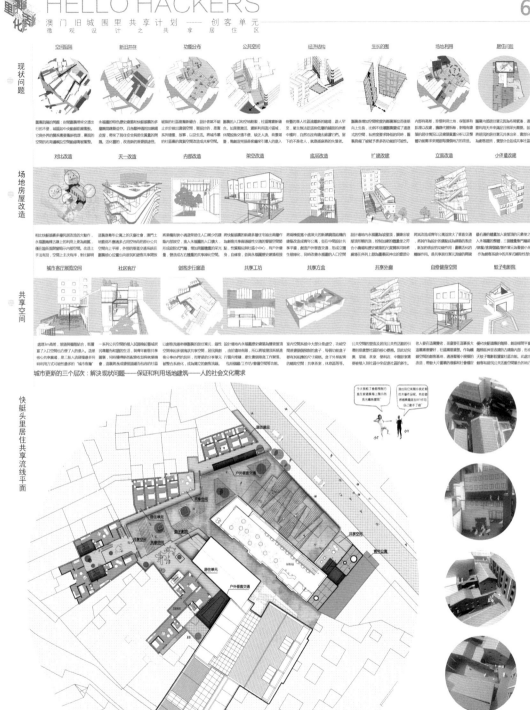

现状问题

| 空间困境 | 新旧并存 | 功能分布 | 公共空间 | 经济结构 | 生长的围 | 场地利用 | 居住问题 |

场地房屋改造

| 对比改造 | 天一改造 | 内部改造 | 架空改造 | 底层改造 | 扩建改建 | 立面改造 | 小件量改建 |

共享空间

| 城市客厅展览空间 | 社区客厅 | 创客步行廊道 | 共享工坊 | 共享方盒 | 共享外廊 | 自修健身空间 | 蚊子电影院 |

城市更新的三个层次：解决现状问题——保证和利用场地建筑——人的社会文化需求

快艇头里居住共享流线平面

Macau Urban Renewal 澳门沙梨头大三巴区城市更新 **社区动脉 1**

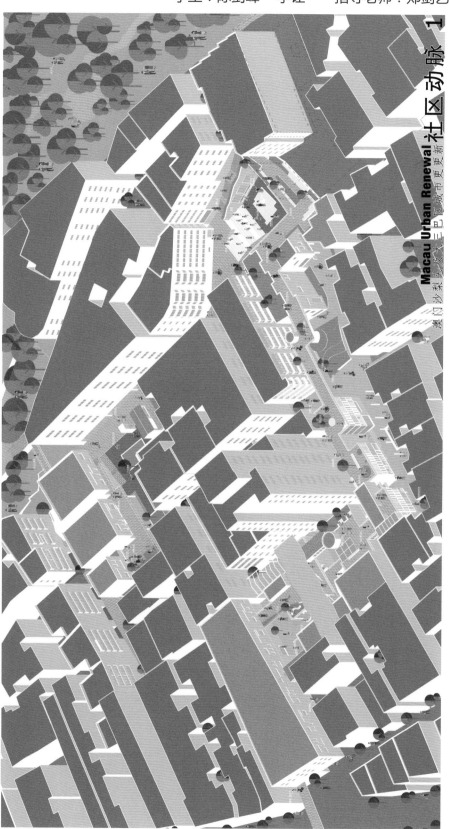

设计说明：

工匠街曾是当地的界藏地发祥。随着岁月的流逝，渐渐地被从发街道中隐去。剩下一些零售小店承载着时代的记忆。这个街道存在着诸多的不足，如缺少公共空间，不得已而和收纳站在并的小公园，人车混杂的道路、内部道路阴暗等。然而对于从人生活在这的居民来说，他们已是街道的一份子。对工匠街有着一份爱。可能正是因为如此，习惯了这么数的生活，所以纵使它存在大三巴片区为宅老旧门那存在的超高人口密度和用地紧张的问题。工匠街在他们眼中仍是个具有浓厚生活气息的街道。

在这样的生活节奏下，保留下来的正是澳门悠悠绵长的生活方式。轻松、惬意。正如大三巴需要游客来欣赏与游玩，工匠街的点也需要本地人来记录并延续。因此在工匠街的更新启动中。我们希望能够最大限度保留居民原有的生活方式，寻找街道上适合生活的空间，力求创造出有活力的空间以满足居民交流交往的需求。

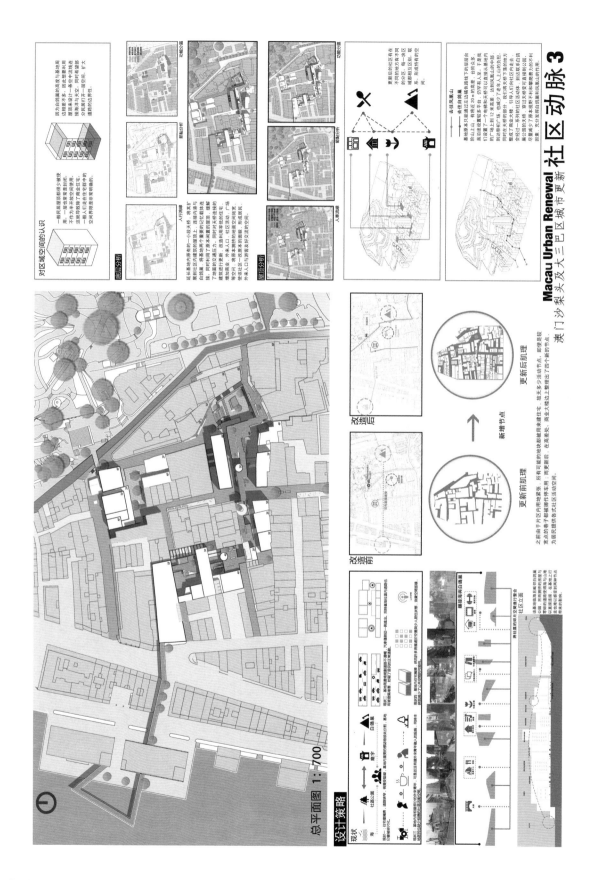

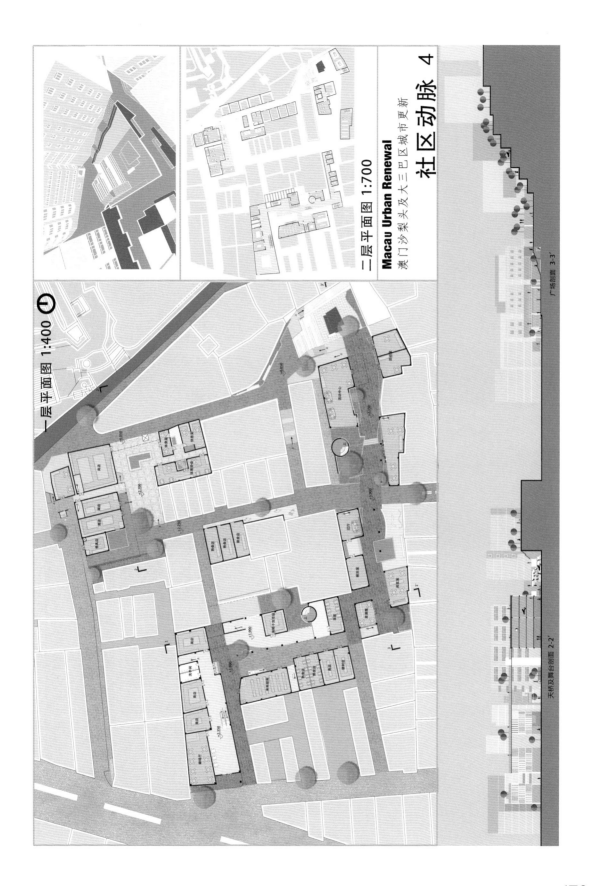

一层平面图 1:400 🅝

二层平面图 1:700

Macau Urban Renewal
澳门沙梨头及大三巴区城市更新

社区动脉 4

广场剖面 3-3'

天桥及舞台剖面 2-2'

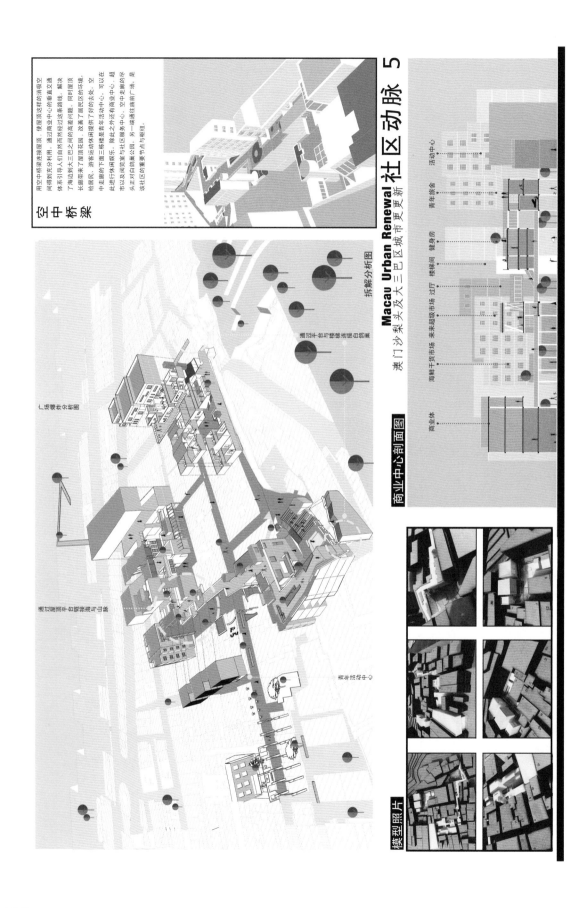

社区动脉

Macau Urban Renewal 城市更新

澳门沙梨头及大三巴区

空中桥梁

用空中桥梁连接屋顶，使屋顶这样的消极空间得到充分利用，通过商业中心的垂直交通体系引导人们自然而然经过这条路线，解决了海边到大三巴之间的高差问题。同时屋顶给居民、游客提供了好的去处。空中走廊的下面三楼是青年活动中心，可以在此以及阅览室与社区服务中心，空中走廊的尽市及休闲娱乐。除此之外还有商业中心、超头正对台阶通往绿地公园。另一端通往南广场，是该社区的重要节点与枢纽。

通过平台与楼梯密接白鸽巢

拆解分析图

广场绿地分析图

通过展厅平台铁路薄与山脉

青年活动中心

商业体　海鲜干货市场　来来超级市场　过厅　楼梯间　健身房　青年旅舍　活动中心

Macao Urban Renewal 社区动脉 6

澳门沙梨头及大三巴区城市更新

厅前广场

流线与上山流线的相互联系

通过拆除一些居住人口多的居建筑，疏通主要交通幹道通與山上圍平台的連線路線與通道，在山脚下打開關閱廣場，既能疏通澳門現時面拜的的客人流，也能服務周圍的居民，拓寬自由巷的流通速度。同時在圍巢增速度原有的路線，蜿蜒隱約疏通了新道路，疏解緊密交通壓力。

商业中心

作为通澳圍前的商業樓

該商業中心地批鄰靠近新建的商業樓，將從確商週邊開始的天橋連接進商業中心。確立貫交通解決澳門地面積解的的問題，同時新建建築穿梭平插的體量關係形成了灰色空間，既住民提供可以休息的空間，商業空間也能夠提供更多激發社區活力。

引入天橋

青年活动中心

漢通平台

與澳圍其他地方一樣，該區域存在老舊與大入口多的問題。青年活動中心圍勇來引引年輕人的活動。青年來來激發社區的活力。用新鮮血液增加外來對社區的注入力。

功能分佈

台阶广场

速接落差小

廣場是藝術前廣場，青年活動組，廣場與自由廣連接遊高差，解決面高差的層次的落差。整個設計分別有三個不同有同差的小型廣場，在實現上彼此交流。

"老"社区 VS "新"针灸疗法

基 地 ① ： 街 中 的 图

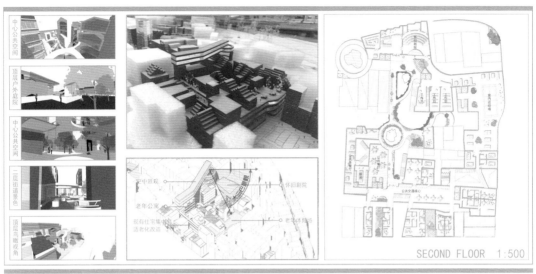

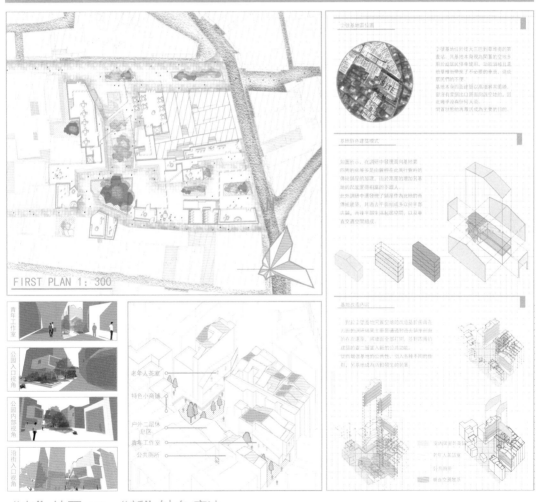

SECOND FLOOR 1:500

FIRST PLAN 1:300

"老"社区 VS "新"针灸疗法

澳门沙梨头及大三巴区域城市更新

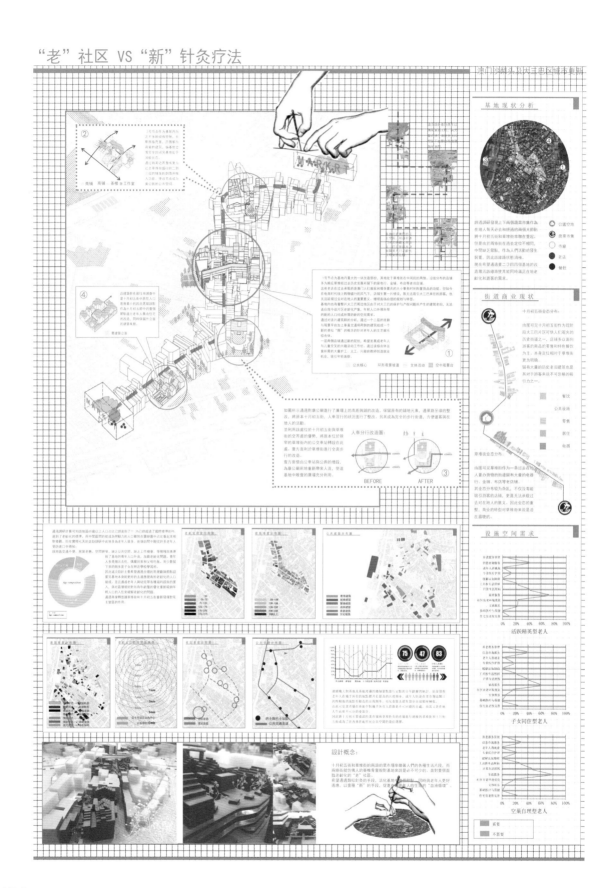

课题六：公共空间的节庆 / 日常反转机制
学生：张婕　柯晴薇　　　指导老师：费迎庆

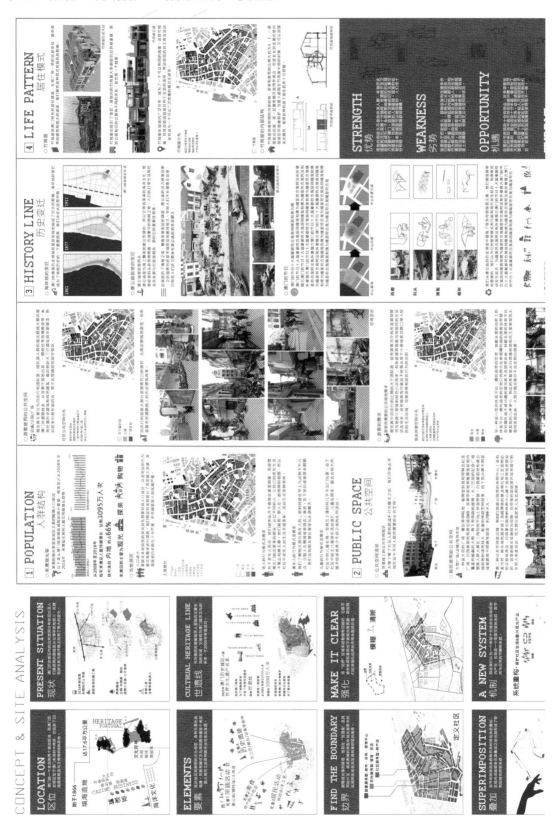

基于节庆与日常的反转机制
——世遗线背景下的澳门大三巴片区改造

大三巴与卖草前后街

永福围

康公庙绿地

工匠街与渔翁广场

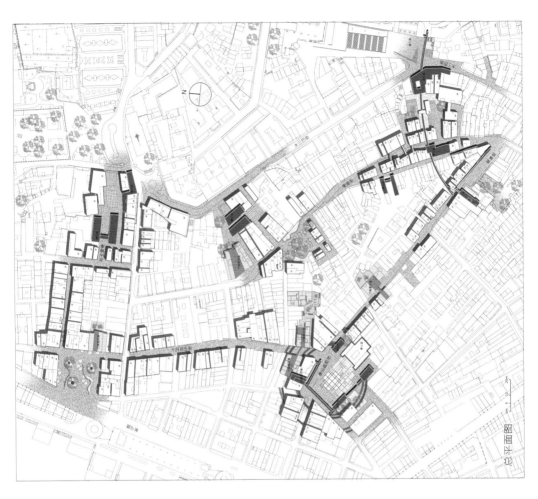

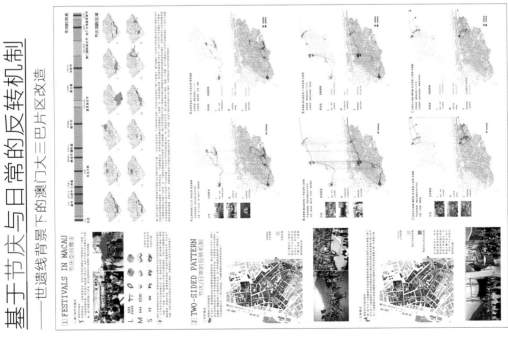

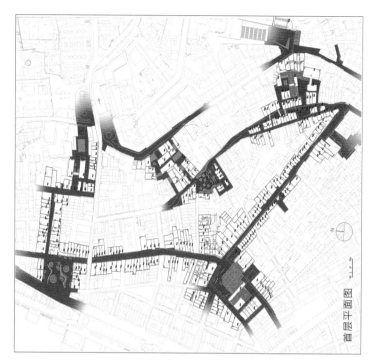

首层平面图

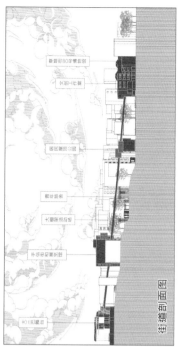

街道剖面图

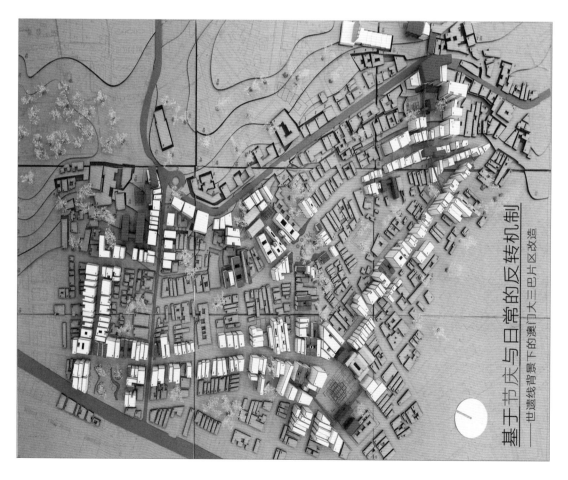

基于节庆与日常的反转机制
——世遗线背景下的澳门大三巴片区改造

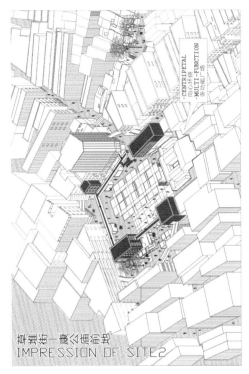

·CENTRIPETAL 向心环绕
·MULTI-FUNCTION 多功能广场

草堆街—庚公庙前地
IMPRESSION OF SITE2

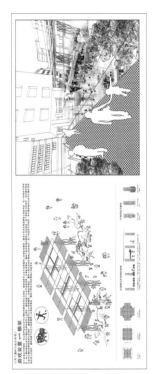

游戏装置屋—棚架

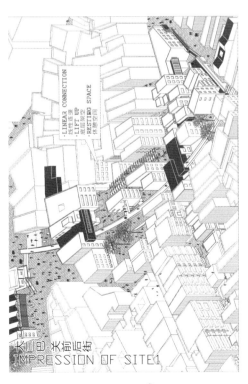

·LINEAR CONNECTION 线性连接
·LIFT UP 底层架空
·RESTING SPACE 休憩空间

仓山巴夫前后街
IMPRESSION OF SITE1

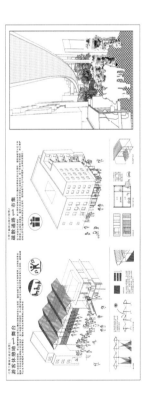

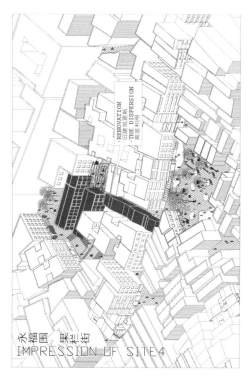

RENOVATION
旧建筑更新
THE DISPERSION
离差利用

永福園 果栏街
IMPRESSION OF SITE4

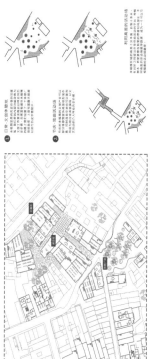

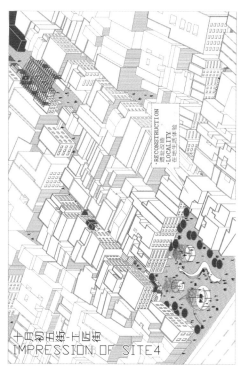

RECONSTRUCTION
遗址改造
LOCALITY
在地生活体验

十月初五街-工匠街
IMPRESSION OF SITE4

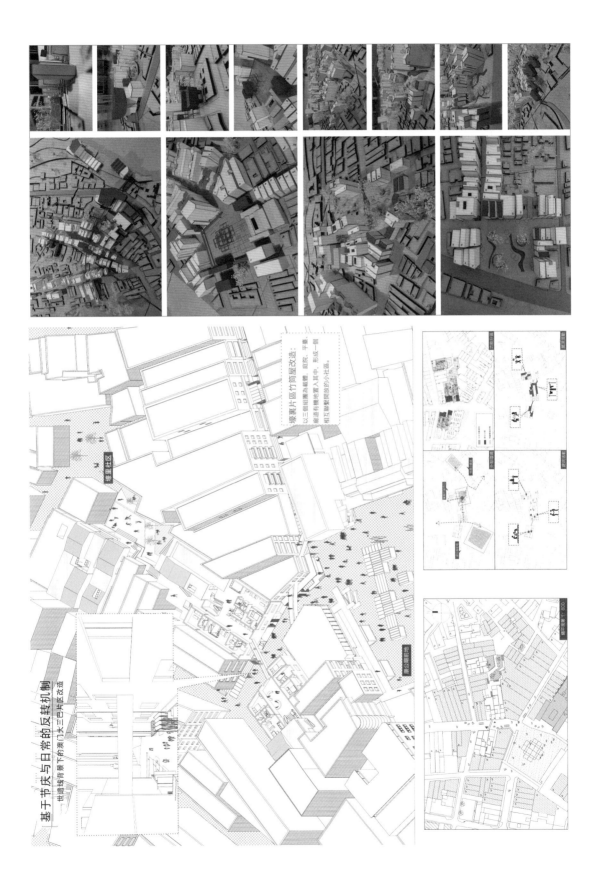

基于节庆与日常的反转机制
——世遗链结背景下的澳门大三巴片区改造

塔里社区

康公庙前地

澳门传统社区改造更新1——基地分析

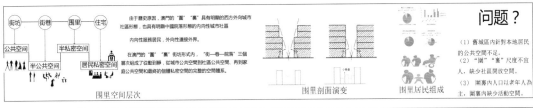

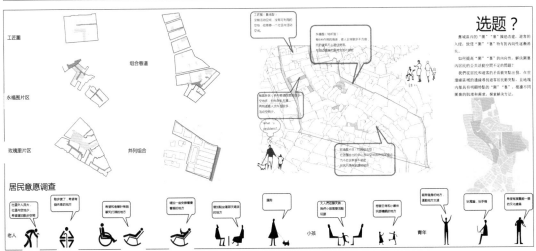

澳门传统社区改造更新2

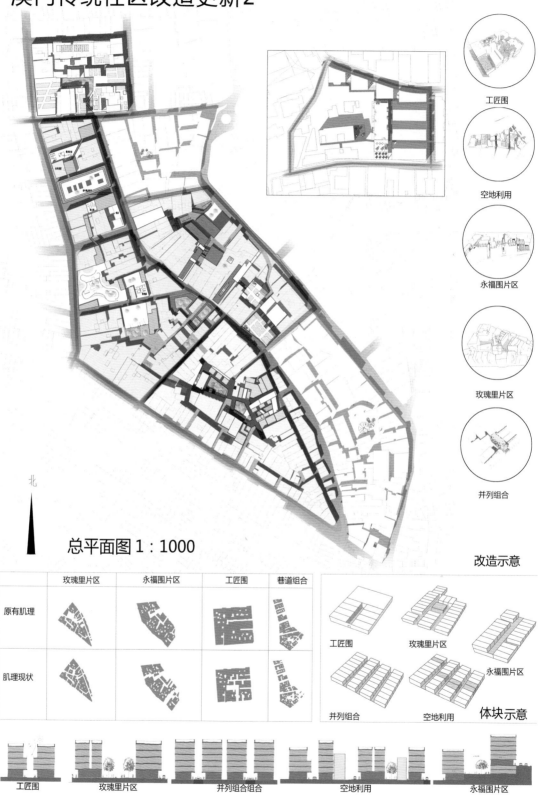

工匠围

空地利用

永福围片区

玫瑰里片区

并列组合

北

总平面图 1：1000

改造示意

	玫瑰里片区	永福围片区	工匠围	巷道组合
原有肌理				
肌理现状				

工匠围　　玫瑰里片区

永福围片区

并列组合　　空地利用

体块示意

工匠围　　　玫瑰里片区　　　并列组合组合　　　空地利用　　　永福围片区

澳门传统社区改造更新3 ——工匠围

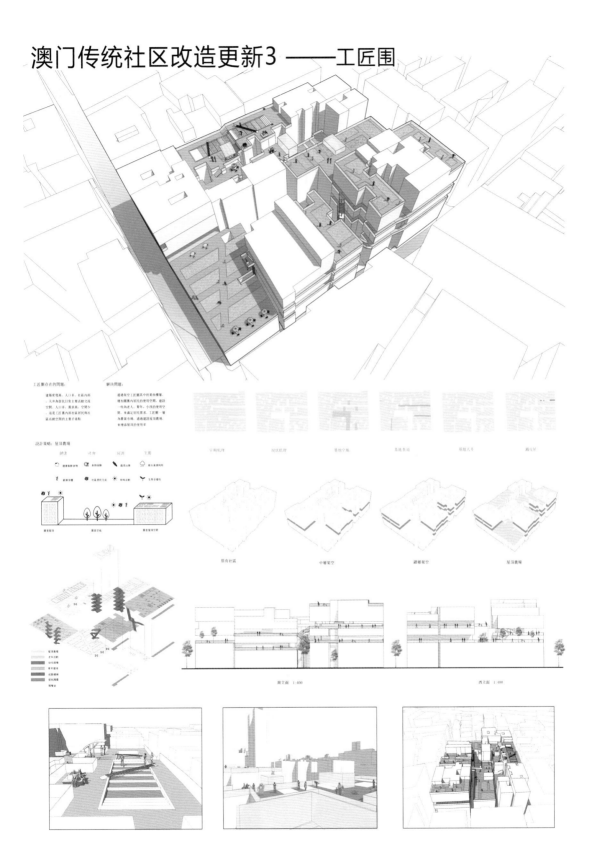

澳门传统社区改造更新4——巷道组合

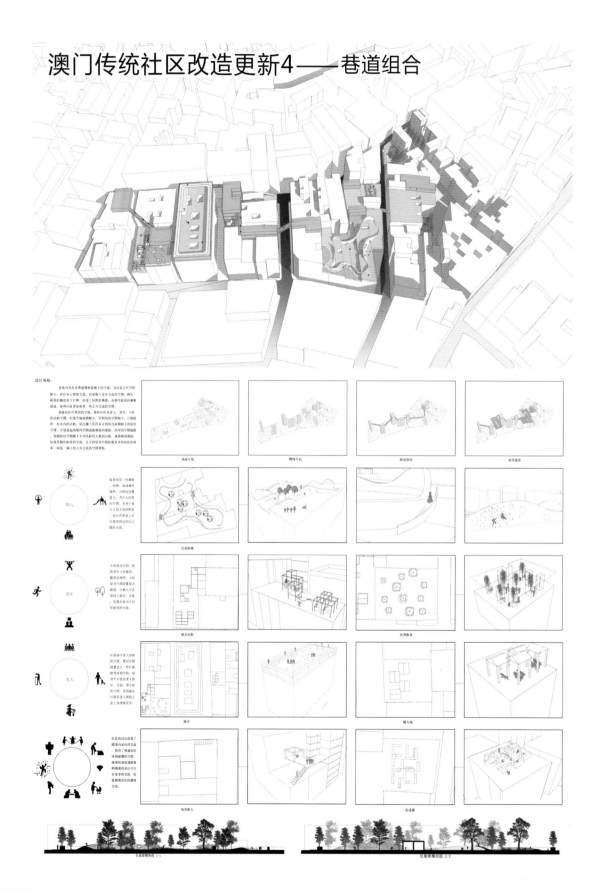

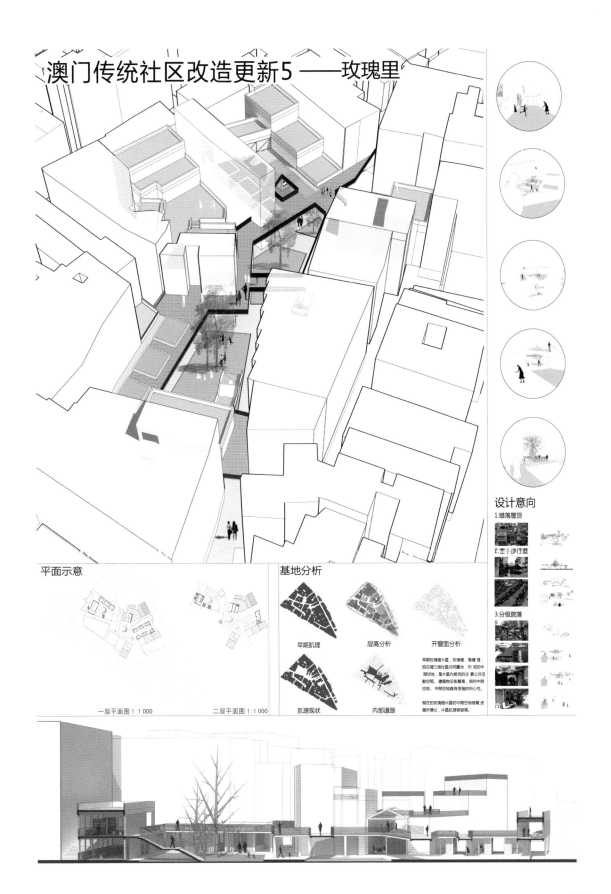

澳门传统社区改造更新5 ——玫瑰里

设计意向

1.错落屋顶

2.主 | 少门道

3.分级院落

平面示意

一层平面图 1 : 1 000

二层平面图 1 : 1 000

基地分析

早期肌理 层高分析 开窗面分析

肌理现状 内部道路

早期玫瑰樱片区，玫瑰樱，高樱 樱西瓜樱三个社区共同围合，形 成的中间空地，是片区内居民的主要公共活动空间，建筑物沿街最高，指向中间空地，中间空地具有很强的向心性。

现在的玫瑰樱片区的中间空地被葡皮屋所侵占，片区肌理被破坏。

澳门传统社区改造更新6 ——永福围片区

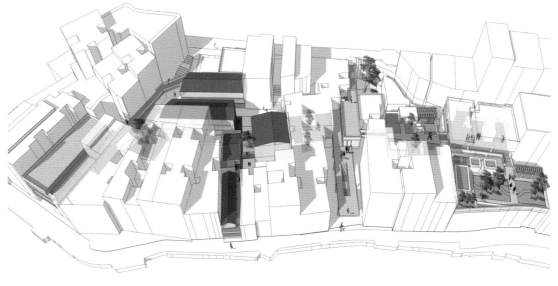

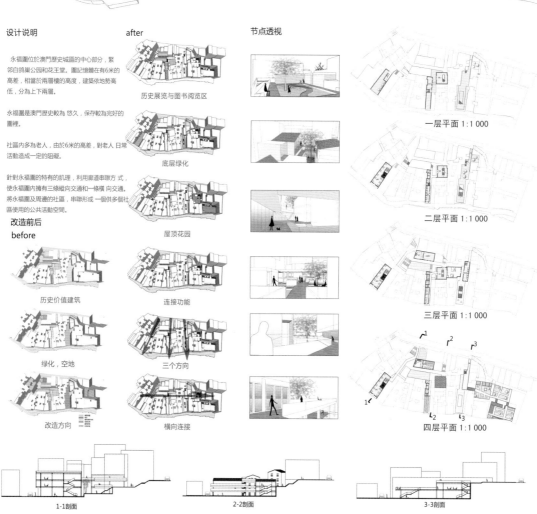

设计说明

永福圍位於澳門歷史城區的中心部分，緊鄰白鴿巢公園和花王堂。圍記憶鱗在有6米的高差，相當於兩層樓的高度，建築依地勢高低，分為上下兩層。

永福圍是澳門歷史較為悠久，保存較為完好的圍裡。

社區內多為老人，由於6米的高差，對老人日常活動造成一定的阻礙。

針對永福圍特有的肌理，利用廊道串聯方式，使永福圍內擁有三條縱向交通和一條橫向交通。將永福圍及周邊的社區，串聯形成一個供多個社區使用的公共活動空間。

after

历史展览与图书阅览区

底层绿化

屋顶花园

改造前后
before

历史价值建筑

绿化，空地

改造方向

连接功能

三个方向

横向连接

节点透视

一层平面 1:1 000

二层平面 1:1 000

三层平面 1:1 000

四层平面 1:1 000

1-1剖面

2-2剖面

3-3剖面

198

澳门传统社区改造更新7——绿豆围

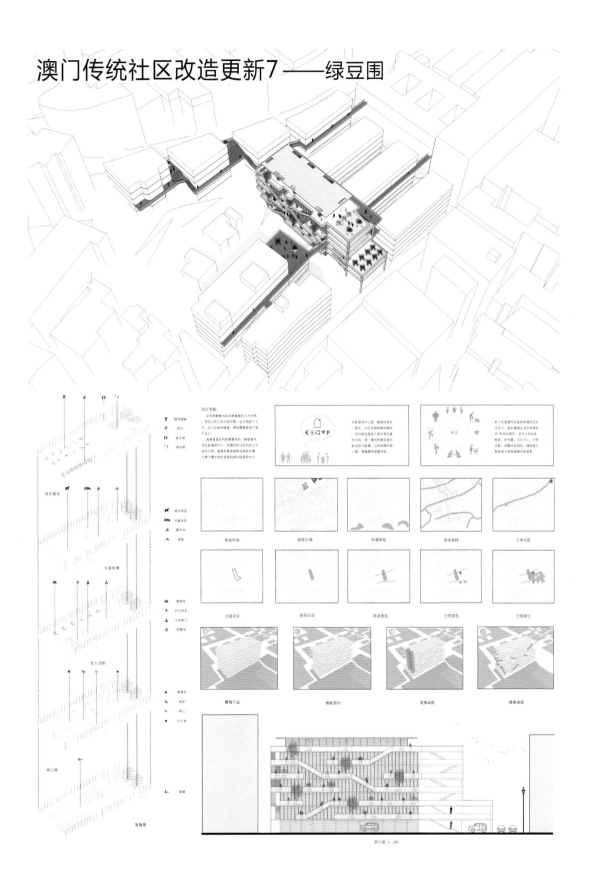

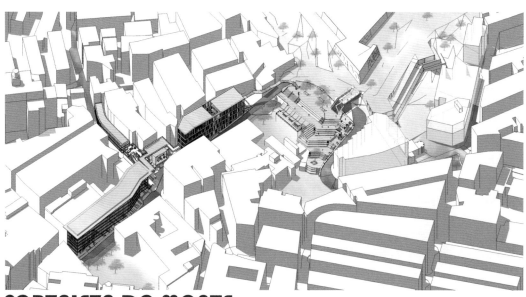

FORTALEZA DO MONTE 01

澳门大炮台斜巷设计更新改造
Revitalization Plan of Macau Fortaleza do Monte Area

大三巴牌坊建筑糅合了欧洲文艺复兴时期与东方建筑的风格而成，体现出东西艺术的交融，雕刻精细，巍峨壮观，由三至五层构成三角金字塔形。无论是牌坊顶端高耸的十字架，还是铜铸下面的圣婴雕像和破天使，鲜花环绕的圣母塑像，都充满着浓郁的宗教气氛，给人以美的享受，牌坊上各种雕像栩栩如生，堪称"立体的圣"。

绿地分析

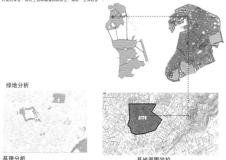

基理分析

基地周围学校

旅行团路线

人流量

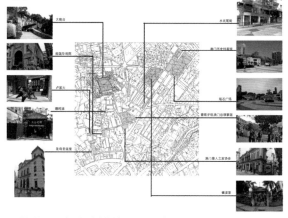

经过调研和现场访问，发现从议事亭前地出发到大三巴的自由行游客特别多，这一小段距离，正常走10分钟就能到达，但是由于旅行车上下地点改在高园街，重复了旅游路线的使用，而且大多数旅客主要按照世遗旅游线来走动，导致人堵人现象，从议事亭前地出发到大三巴要用20分钟。路上有很多伴手礼店，店家会在门口拉客，把人流都吸引到店前，这也是导致这条路线拥堵的原因。

基地问题

饮食店不足，休憩用地不足，小区服务不足，没有合适平台带动当地文化创意艺术。

设计新增节点内容

新增点1:改造伯多禄局长街（白马行街）和大炮台斜巷交接点作美食集中地
新增点2:沿大炮台斜巷打造休闲咖啡店，图书馆和商品中心
新增点3:更新大炮台前空地作公园
新增点4:把原有的大炮台回廊重新设计作艺术展览馆

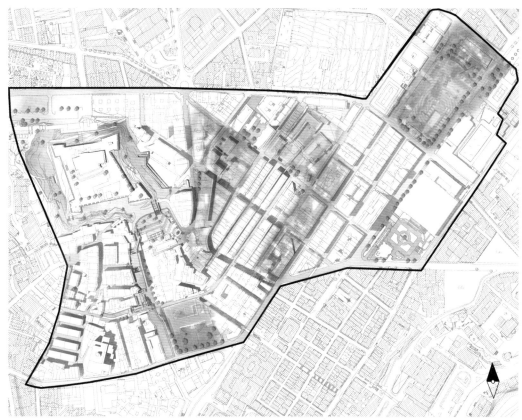

FORTALEZA DO MONTE 02

澳门大炮台斜巷设计更新改造

Revitalization Plan of Macau Fortaleza do Monte Area

规划背景

在路线设计上考虑到由于往大三巴和大炮台的分支路线只靠路牌指引，没有能吸引自由行旅客的商店，所以支线街道大多是小区街道，旅客少有离开主要路线，而当旅客进入支线街道一般会折回到主要路线或找本地居民询问路线。

另一方面，经典路线主要对象是旅客，所以本地居民一般不会到主要景点路线，这就造成主要景点路线的旅客过多，支线使用率不高。本地居民到历史建筑地参观的意欲不大，因此设计出分流的路线并增加节点来吸引旅客，使得主要的景点线路人流得以舒缓，在本地居民重新使用主要路线的同时，让旅客有多种路线的选择，使得旅客可以悠闲地参观景点和认识澳门的历史文化。

规划概念

把自由行旅客分流至其他景点线，使之与跟团旅客专线错开，提高本地居民到大三巴的意向，如以卖草地街和板樟堂街的交点做节点，把人流引到板樟堂街，开辟一条新的游览路线，把人流分流到大炮台斜巷，最后到达大三巴牌坊。

由于新的路线途经大炮台斜巷，而大炮台斜巷的高差达到41m，所以对于游客来讲，我们组认为游客大多数不愿走此路线，我们建议在这条斜坡上建起行人扶手电梯。

规划分析

公园、广场分布   商业分布   旅游路线与节点分析

FORTALEZA DO MONTE 03
澳门大炮台斜巷设计更新改造
Revitalization Plan of Macau Fortaleza do Monte Area

1F 1:800

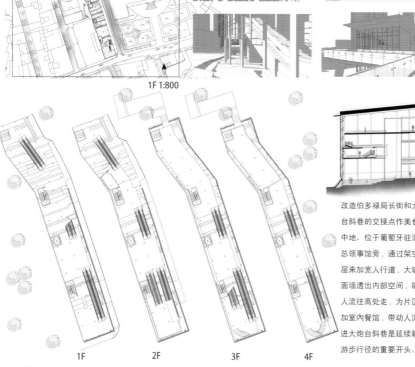

1F   2F   3F   4F

改造伯多禄局长街和大炮台斜巷的交接点作美食集中地，位于葡萄牙驻澳门总领事馆旁，通过架空一层来加宽人行道，大玻璃面墙透出内部空间，吸引人流往高处走，为片区增加室内餐馆，带动人流走进大炮台斜巷是延续新旅游步行径的重要开头。

FORTALEZA DO MONTE 04

澳门大炮台斜巷设计更新改造

Revitalization Plan of Macau Fortaleza do Monte Area

1F 1:800

FAMILY CAFE   PAINTING WALL

为解决大炮台斜巷41m高差，沿斜巷打造的美食集中地、休闲咖啡店、图书馆和商品中心都设有空中走道，方便游客和居民走进建筑不用走在大的斜坡上，避免危险。

1F

2F

1F

2F

3F

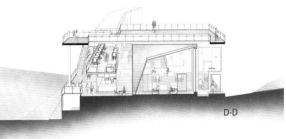

D-D

FORTALEZA DO MONTE 05

澳门大炮台斜巷设计更新改造

Revitalization Plan of Macau Fortaleza do Monte Area

1F 1:800

商品中心通过架空一层来加宽人行
道和打通人视觉的障碍，内部的扶
梯很好地解决高差地形的不便，轻
型现代的外形让周围高密度的住
宅，视觉空间更大、更舒服。

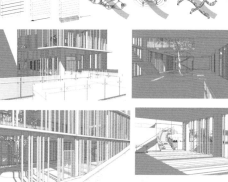

5F 4F 3F 2F 1F

B-B

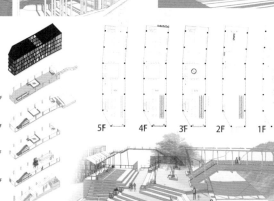

C-C

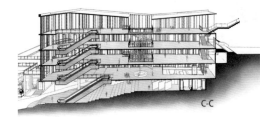

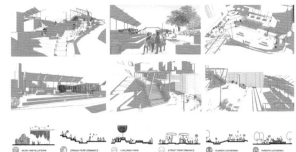

FORTALEZA DO MONTE 06

澳门大炮台斜巷设计更新改造

Revitalization Plan of Macau Fortaleza do Monte Area

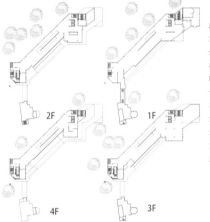

2F

1F

4F

3F

原大炮台回廊位于大炮台东侧山坡上,楼高三层,外观具欧陆色彩和现代感,内设电梯,但其位置隐蔽,人流稀疏。重新设计为艺术展览馆,设计突出外形,依山而上的观光式建筑为市民及游客前往大炮台提供轻松便捷的游览通道,旧时公务员经济房屋作艺术展览馆入口。

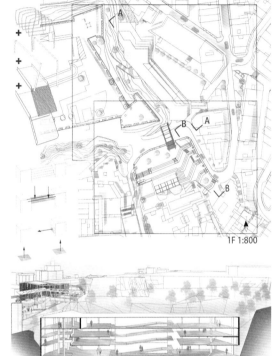

1F 1:800

A-A

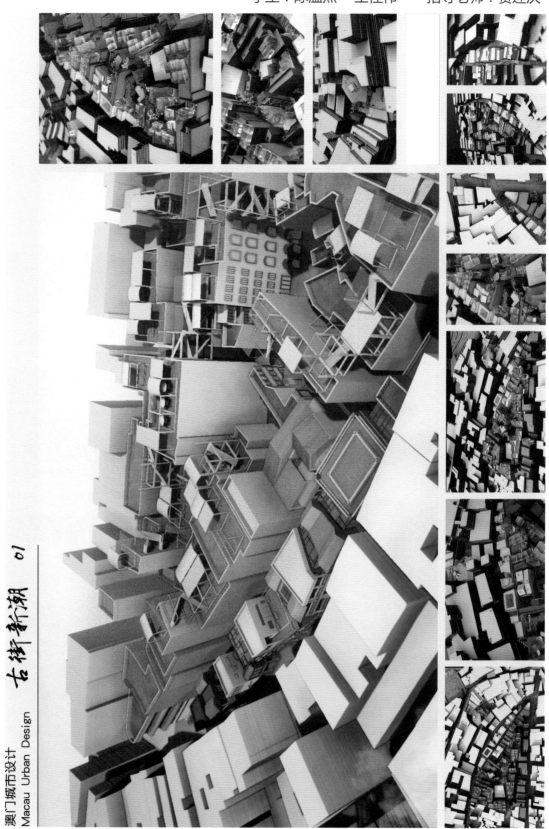

澳门城市设计
Macau Urban Design

古街新潮 01

澳门城市设计
Macau Urban Design

古街新潮 02

GENERAL ANALYSE 一般分析

PROBLEM FINDING 问题的发现

透址深入分析 DETAILED ANLAYSE

人流密度

建筑密度高度

休憩与绿地

道路断面比较

重要的联系

进址内聚里
西瓜里 Beco da Melancia
玫瑰里 Beco da Rosa
高尾里 Beco da Cochina
赌场横街 Travessa dos Derro
辅前里 Travessa dos Afletates
斜坡横街 Travessa dos Jameios Verdos

进址内楼高度
楼底不超过 30m，低矮的多是
危屋

进址内楼高度
区域内楼有着最好的最引人的地的
力分，造成了商业强度、居地使
年化现象

65岁以上老人占比
建人口：1041人，
65以上老人：86人，
占比：28%

进址内横街与公共空间
公共空间
半公共空间

创新 商业 古玩

澳门城市设计
Macau Urban Design

古街新潮 03

SOLUTION 解决方案

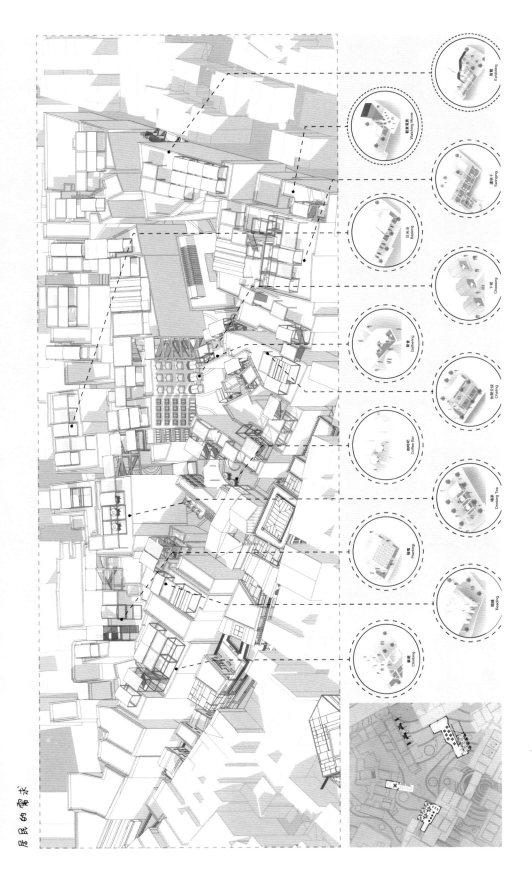

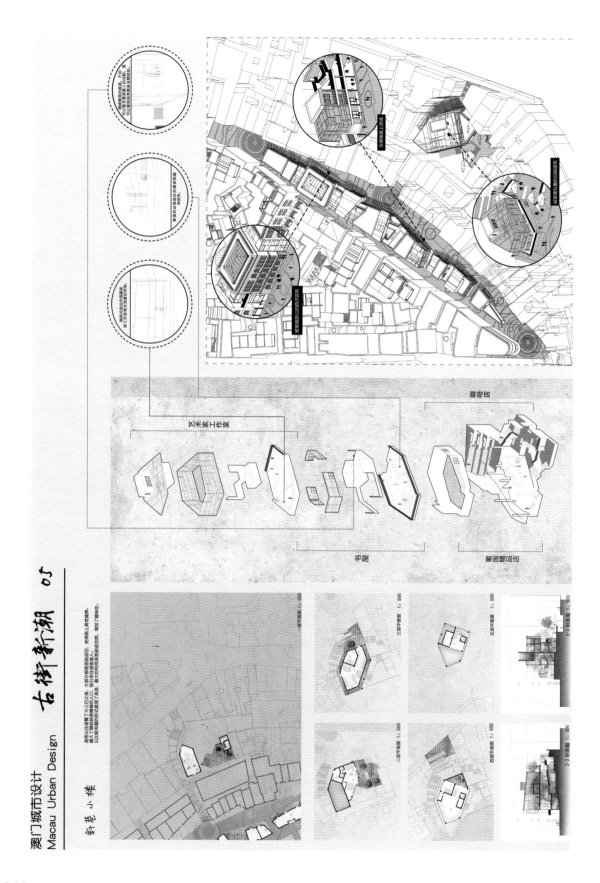

澳门城市设计
Macau Urban Design

古街新潮 03

斜卷 小楼

澳门城市设计
Macau Urban Design

古街新潮 06

关前步行街

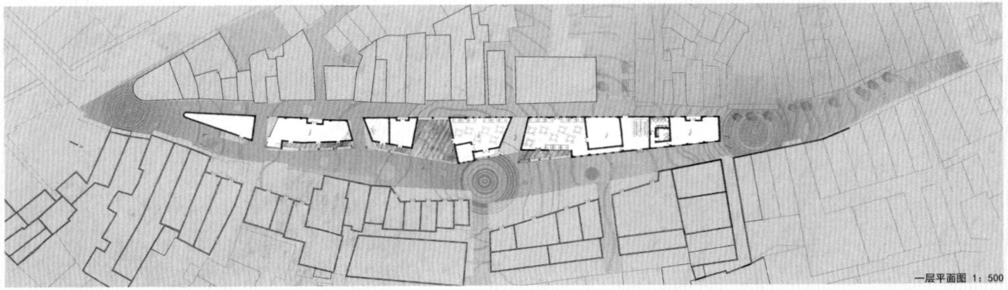

一层平面图 1：500

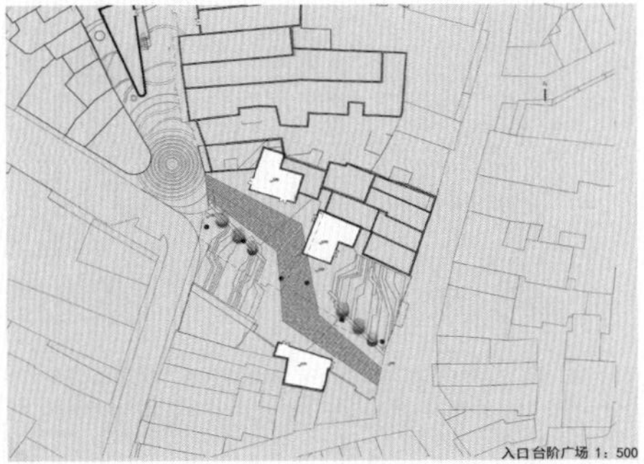

入口台阶广场 1：500

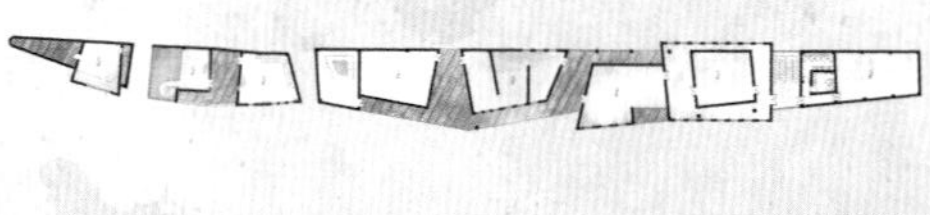

二层平面图 1：500

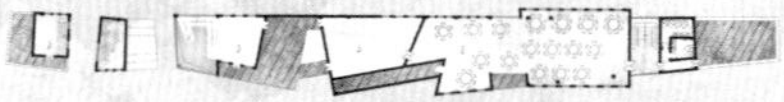

三层平面图 1：500

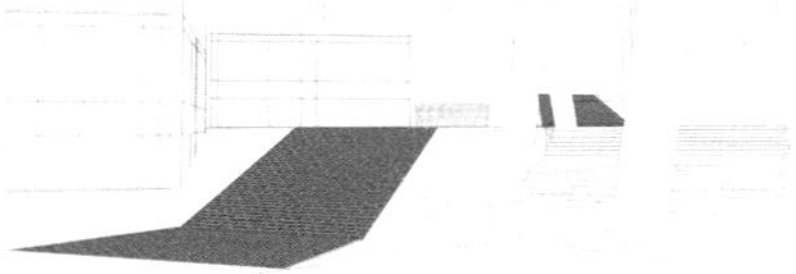

入口台阶广场

同样引导游客，引起游客的好奇心，让他们随着铺地来到步行街的入口，除此之外，还提供了休息空间，让游客有一个遮阳休息的空间。

关前步行街

为游客带来澳门本地风情特色，

也为本地居民带来集体回忆。

体块生成

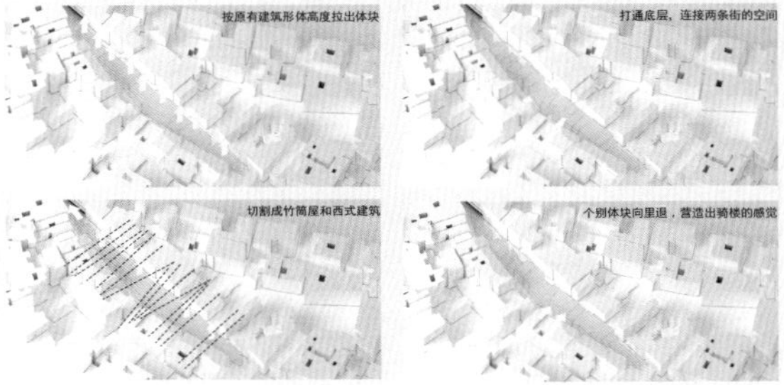

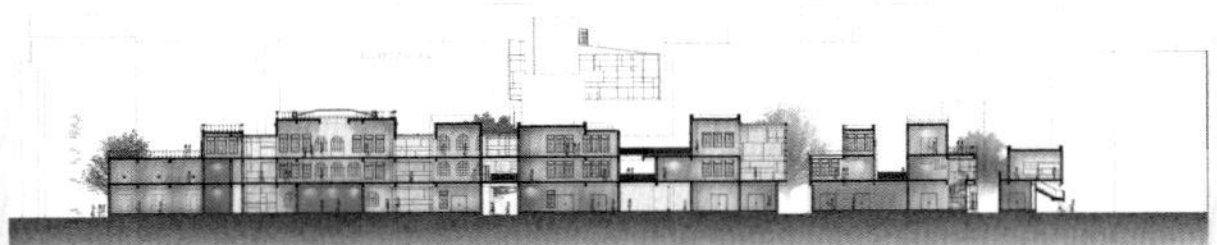

剖面图 1：500

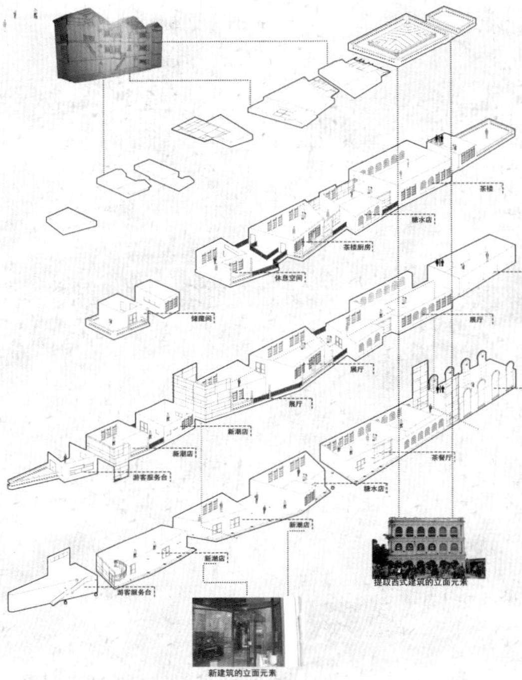

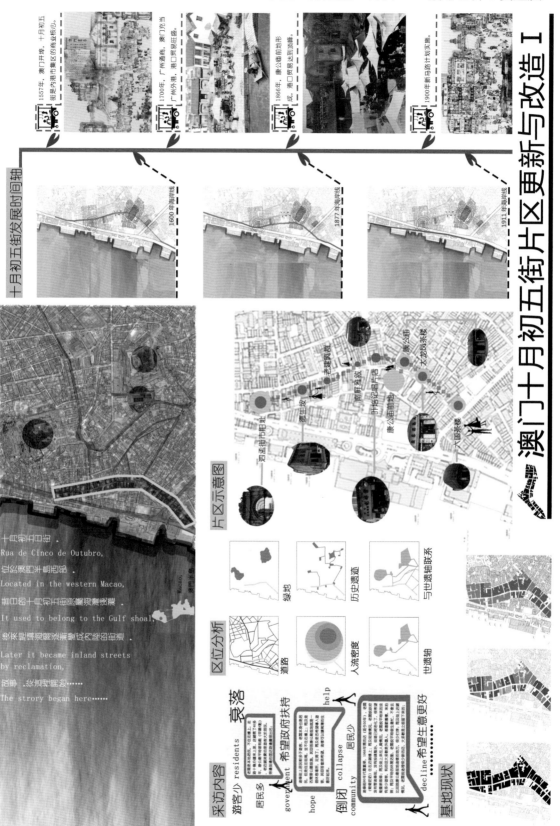

澳门十月初五街片区更新与改造 I

1557年，澳门开埠，十月初五街是内港片区的商业核心。

1700年，广州通商，澳门充当广州外港，港口贸易旺盛。

1866年，康公庙前地形成，港口贸易达到顶峰。

1900年，新马路计划实施。

十月初五街发展时间轴

1600年海岸线

1877年海岸线

1911年海岸线

片区示意图

迎孟街市旧址　鹭生玻旧址　老建筑群　南屏雅叙　叶挺记凉茶店　康公庙前地　康公庙　大龙凤凉茶楼　大国茶楼

区位分析

绿地　历史遗迹　与世遗轴联系　道路　人流密度　世遗轴

十月初五日街
Rua de Cinco de Outubro,
位於澳門半島西部，
Located in the western Macao,
昔日的十月初五街區域曾經瀕臨海灘，
It used to belong to the Gulf shoal,
後來填海造陸，逐漸變成内陸的街道。
Later it became inland streets
by reclamation,
故事，從這裡開始……
The strory began here……

Macao
澳門半島

采访内容
游客少 residents
居民多
希望政府扶持
government
help
hope
倒闭 collapse
community
居民少
希望生意更好
衰落
decline
基地现状

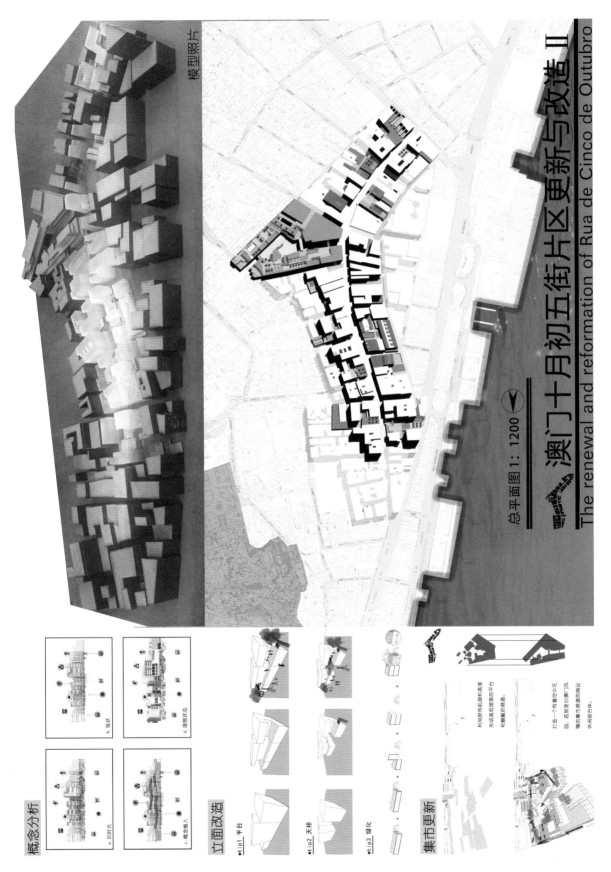

模型照片

澳门十月初五街片区更新与改造Ⅱ
The renewal and reformation of Rua de Cinco de Outubro

总平面图 1：1200

概念分析

a. 旧时光
b. 现状
c. 概念植入
d. 理想状态

立面改造

●tip1 平台
●tip2 天桥
●tip3 绿化

集市更新

利用原有扶梯和高差
形成高低错落的平台
和观赏的栈道。

打造一个悬空中庭空
间，底层是旧景门风
情的象征，低调融合商
业休闲综合体。

213

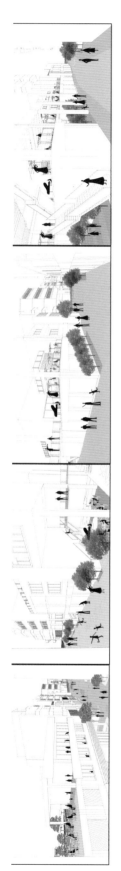

澳门十月初五街片区更新与改造Ⅲ

The renewal and reformation of Rua de Cinco de Outubro

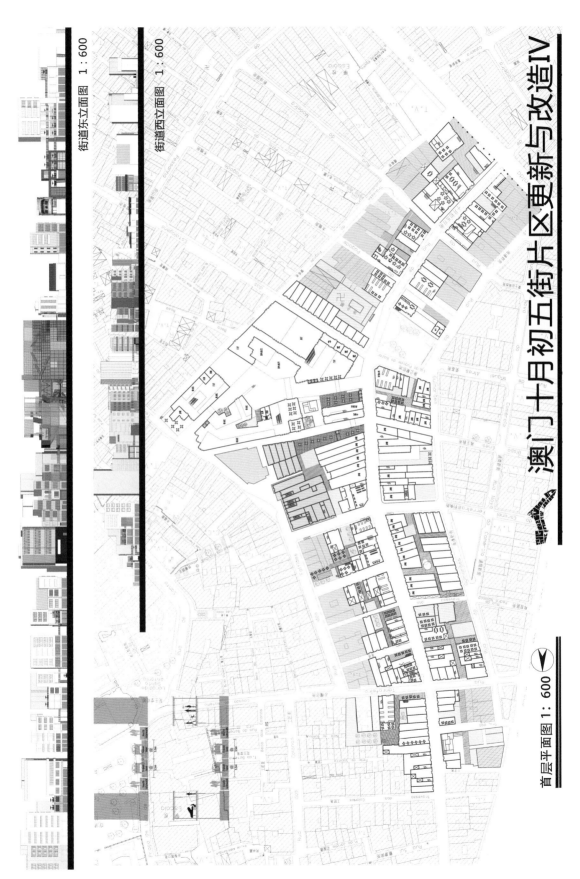

澳门十月初五街片区更新与改造IV

街道东立面图 1：600

街道西立面图 1：600

首层平面图 1：600

215

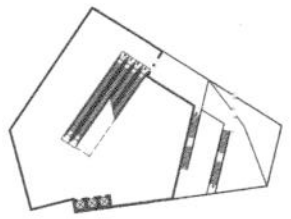

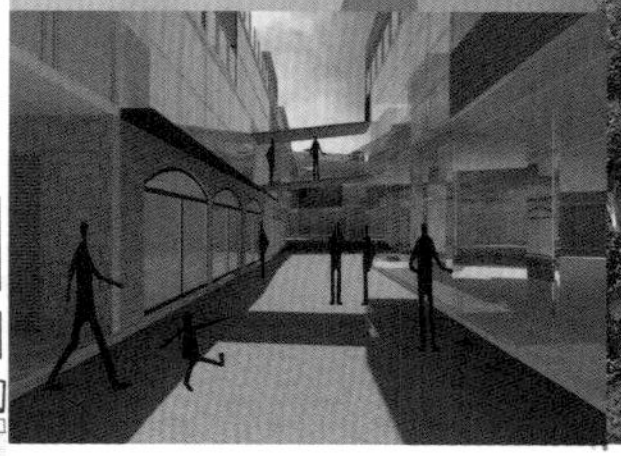

澳门十月初五街片区更新与改造 V

五层平面图 1：600

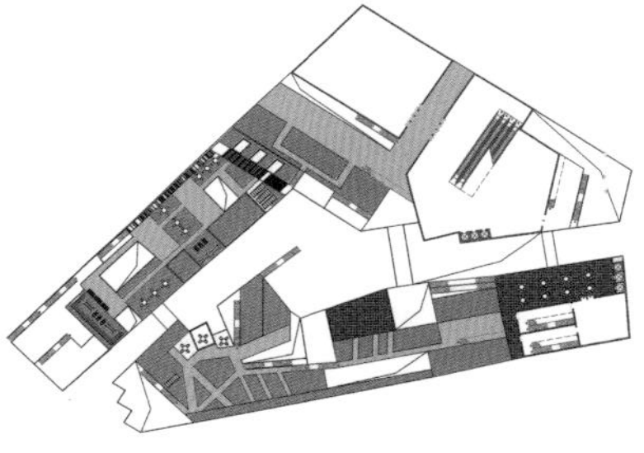

四层平面图 1：600

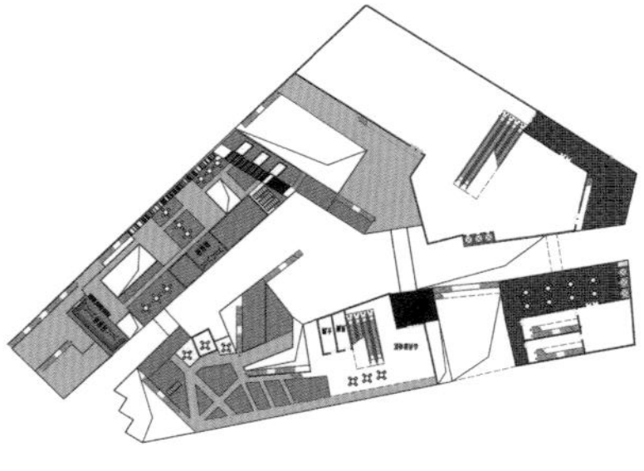

三层平面图 1：600

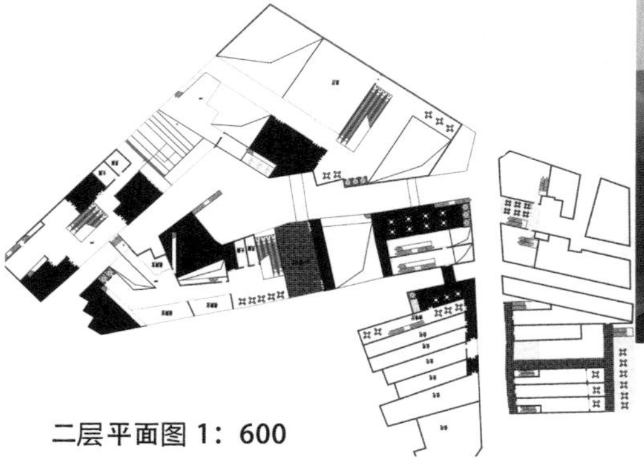

二层平面图 1：600

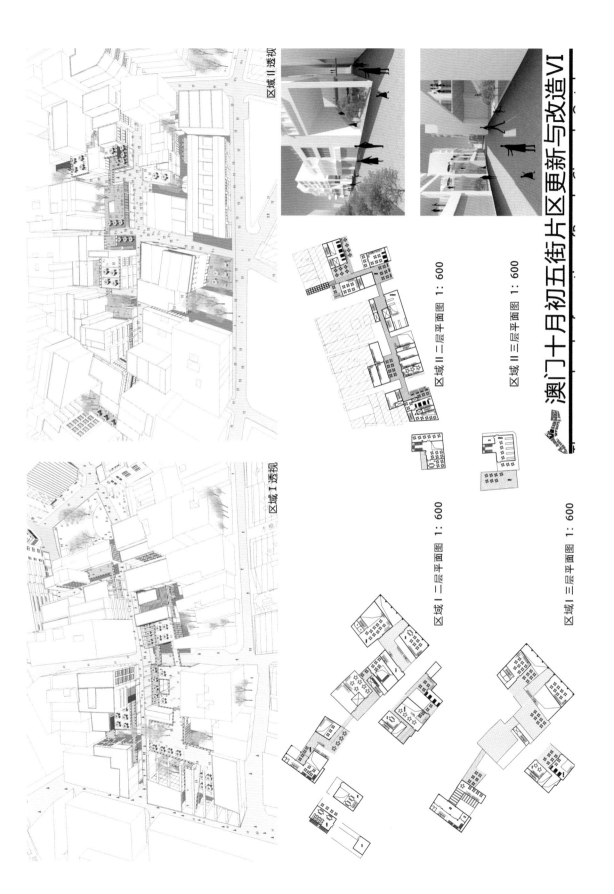

区域 II 透视

区域 I 透视

澳门十月初五街片区更新与改造 VI

区域 II 二层平面图 1: 600

区域 II 三层平面图 1: 600

区域 I 二层平面图 1: 600

区域 I 三层平面图 1: 600

后 记

　　自 2010 年以来，华侨大学建筑学院坚持国际化办学的开阔视野，极大地提升了建筑学院的学科建设水平。在国际性、全国性的大学生建筑、规划设计竞赛、挑战杯赛事中屡获大奖，尤其是 2013 年在国际上最具盛名和关注度的全球建筑学专业国际设计竞赛——Archiprix 全球建筑毕业设计大奖赛中，获得最高奖——亨特道格拉斯奖（全球共 7 个，亚洲唯一）。2014 年，城乡规划专业以省内首个全优成绩通过全国城乡规划学专业评估。截至 2017 年，建筑学院在全国专业指导委员会城乡规划作业竞赛中获一等奖总数高居全国各院校之首。目前，建筑学院拥有省内唯一的建筑学、城乡规划学、风景园林学三个省级实验教学中心。

　　澳门城市与建筑设计教学是建筑学院国际化办学背景下高年级教学改革的有益尝试，师生们以极高的热情和严谨的态度投入到这门课程。可持续的城市更新，考量的自然不是沿街两层皮的立面功夫，而是处理好建筑与街道的关系，处理好建筑与生活的关系。如同旧瓶装新酒，关键在于酒。这道理虽浅，但做瓶子的人同时要去酿酒，挑战巨大。其实建筑从来就不是一种单纯的物质景观，建筑的终极目标是营造生活。只是这种建筑传统被一时放弃，现在需要真正的回归。本书展示了师生们在这一领域的思考，尽管存在许多不足，但是能获得同行的批评指正更加可以指引该课程教学不断改进。

　　由衷感谢华侨大学校领导、各部门领导和同事们一直以来大力支持建筑学院的发展，使得该课程得以顺利开展，并最终实现了该书的出版。同样感谢华侨大学澳门教育基金会、华侨大学澳门校友会、中国华侨大学建筑土木（澳门）协会的支持和帮助，使得建筑学院师生们在澳门授课和学习十分愉快、顺利。

龙　元

华侨大学建筑学院院长、教授、博士生导师

2018 年 8 月 9 日